バイオ研究のフロンティア

酵素・タンパク質をはかる・とらえる・利用する

岡畑恵雄・三原久和／編

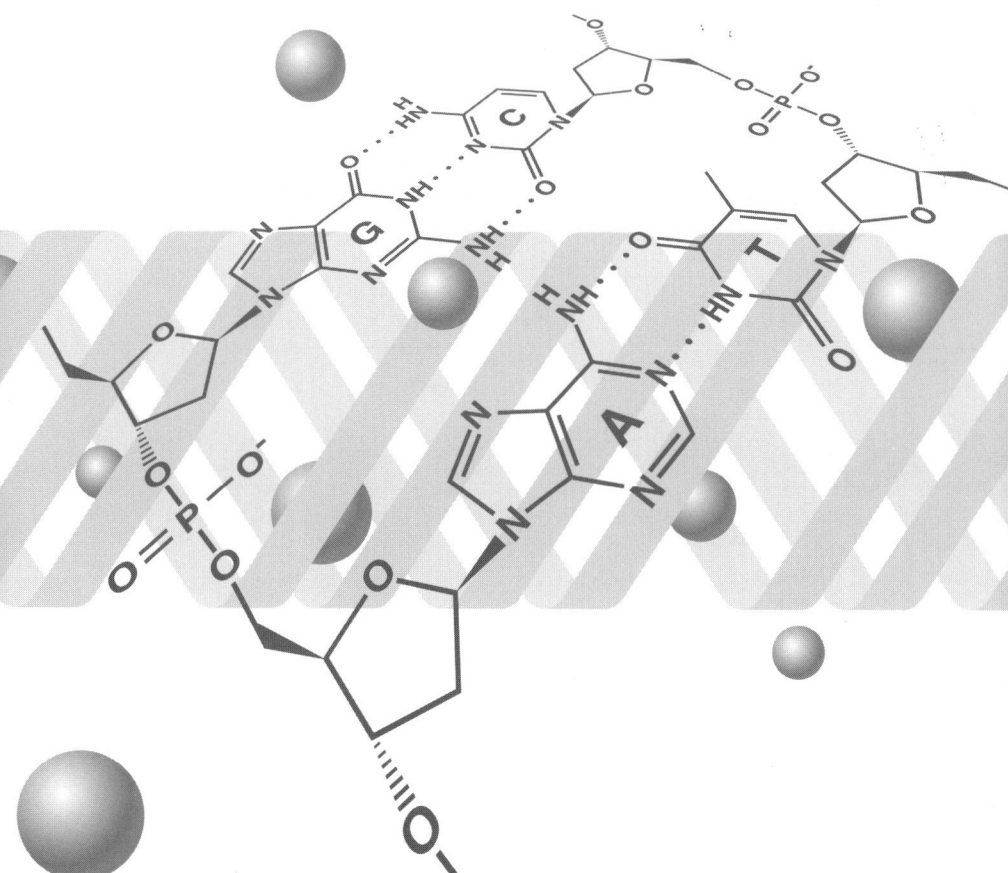

工学図書株式会社

執筆者一覧 （五十音順，＊は編者，かっこ内は担当章）

朝倉　則行	東京工業大学大学院生命理工学研究科・生物プロセス専攻(2)
猪飼　　篤	東京工業大学イノベーション研究推進体(7)
大倉　一郎	東京工業大学大学院生命理工学研究科・生物プロセス専攻(2)
太田　元規	名古屋大学大学院情報科学研究科・複雑系科学専攻(9)
＊岡畑　恵雄	東京工業大学大学院生命理工学研究科・生体分子機能工学専攻(1)
長田　俊哉	東京工業大学大学院生命理工学研究科・分子生命科学専攻(6)
小畠　英理	東京工業大学大学院生命理工学研究科・生命情報専攻(3)
高橋　　剛	東京工業大学大学院生命理工学研究科・生物プロセス専攻(5)
丹治　保典	東京工業大学大学院生命理工学研究科・生物プロセス専攻(13)
中村　　聡	東京工業大学大学院生命理工学研究科・生物プロセス専攻(11)
濱口　幸久	東京工業大学大学院生命理工学研究科・生物プロセス専攻(8)
廣田　順二	東京工業大学バイオ研究基盤支援総合センター(14)
福居　俊昭	東京工業大学大学院生命理工学研究科・生物プロセス専攻(10)
古澤　宏幸	東京工業大学大学院生命理工学研究科・生体分子機能工学専攻(1)
＊三原　久和	東京工業大学大学院生命理工学研究科・生物プロセス専攻(5)
森　　俊明	東京工業大学大学院生命理工学研究科・生体分子機能工学専攻(12)
湯浅　英哉	東京工業大学大学院生命理工学研究科・分子生命科学専攻(4)

まえがき

　東京工業大学グローバル COE「生命時空間ネットワーク進化型教育研究拠点」では，生命理工学分野での教育研究と当該分野の異分野への広がりを目的として，大学生・大学院生向けの教科書シリーズ「バイオ研究のフロンティア」を執筆，刊行している．本書は，「バイオ研究のフロンティア 1—環境とバイオ」に続く 2 点目のものであり，「バイオ研究のフロンティア 2—酵素・タンパク質をはかる・とらえる・利用する」と題し，本 COE プログラムにある 3 つの教育研究コース，「生命情報処理コース」，「連携テクノロジーコース」，「ナノメディシンコース」のうちの「連携テクノロジーコース」に参画している教員による研究の成果を，学部上級・大学院学生用にまとめたものである．

　連携テクノロジーでは，生命時空間ネットワークにおける生体分子群の解析技術の向上を目的としている．本書では，生体分子群のうち，酵素・タンパク質に焦点を当て，それらの構造や機能，特性をはかり，とらえ，利用する科学技術について，3 編に分けてまとめている．I 編では，「酵素・タンパク質をはかる」技術として，水晶発振子マイクロバランス(QCM)法や電気化学 QCM 法による酵素の触媒活性や電子移動機能の計測，抗体を配向集積させるタンパク質工学，蛍光法による糖鎖-レクチン相互作用の解析，およびアルツハイマー病の原因タンパク質であるアミロイド β タンパク質の解析研究について解説する．II 編では，「酵素・タンパク質をとらえる」技術として，原子間力顕微鏡や光学顕微鏡により，タンパク質を観測，計測する技術や，計算科学により酵素の構造や機能を予測する手法について解説する．III 編では，「酵素・タンパク質を利用する」技術として，極限微生物の産生する高熱耐性や高アルカリ耐性を有する極限酵素の利用，脂質修飾酵素の非水溶媒中での利用，固定化酵素を利用したバイオリアクターの設計，さらにはタンパク質をコードする遺伝子を操作するトランスジェニックマウスについて解説する．

　本書で紹介している科学技術は，酵素やタンパク質の構造や機能，特性をはかり，とらえ，利用する最先端研究として，東京工業大学大学院生命理工学研究科グローバル COE が実施しているものである．生命理工学分野での教育研究のみならず異分野への広がりのために利用いただければ，編集委員および執筆者の望外の幸いである．

まえがき

最後に，本書の刊行にあたり，東京工業大学出版会準備会の太田一平氏と，東京工業大学大学院生命理工学研究科大倉研究室の栢森綾さんの，多大なご尽力に感謝する．

2009年1月

東京工業大学大学院生命理工学研究科
岡畑恵雄・三原久和

目　次

執筆者一覧……………………………………………………………………… iii
まえがき………………………………………………………………………… v

I編　酵素・タンパク質をはかる

1　酵素反応を重さではかる……………………………………………… 3
1.1　はじめに………………………………………………………………… 3
1.2　従来の酵素反応の解析方法（ミカエリス–メンテン式の限界）……… 4
1.3　DNA上での酵素反応の解析…………………………………………… 6
1.4　糖鎖上での酵素反応…………………………………………………… 9
1.5　タンパク質上での酵素反応…………………………………………… 15
1.6　おわりに……………………………………………………………… 18
　　　引用文献…………………………………………………………… 18

2　タンパク質の電子移動をはかる……………………………………… 19
2.1　はじめに……………………………………………………………… 19
2.2　分子内電子移動……………………………………………………… 19
　　2.2.1　サイクリックボルタンメトリーの測定法と原理……………… 19
　　2.2.2　タンパク質の分子内電子移動測定……………………………… 20
2.3　分子間電子移動……………………………………………………… 23
　　2.3.1　分子間電子移動の機構を探るEQCM法………………………… 23
　　2.3.2　電極固定化分子の分子数をはかる……………………………… 23
　　2.3.3　酸化還元物質と電極界面との相互作用………………………… 24
　　2.3.4　酸化還元タンパク質と固定化分子との分子間電子移動……… 25
2.4　おわりに……………………………………………………………… 28
　　　引用文献…………………………………………………………… 28

3　抗体でタンパク質をはかる…………………………………………… 29
3.1　はじめに……………………………………………………………… 29

vii

3.2 融合タンパク質による酵素免疫測定 ………………………………… 29
    3.3 抗体分子の配向集積 ………………………………………………… 33
        3.3.1 プラスチックプレートへの抗体結合タンパク質の集積 ………… 34
        3.3.2 ガラスプレートへの抗体結合タンパク質の集積 ……………… 36
        3.3.3 金表面への抗体結合タンパク質の集積 ………………………… 37
    3.4 お わ り に ……………………………………………………………… 38
        引 用 文 献 ……………………………………………………………… 38

■4 レクチンタンパク質をはかる …………………………………… 40

    4.1 は じ め に ……………………………………………………………… 40
    4.2 溶液法によるレクチン–糖鎖結合の評価 ……………………………… 41
        4.2.1 平衡透析膜法 ……………………………………………………… 42
        4.2.2 糖鎖リガンドを滴下してレクチンの蛍光変化を観測する方法 … 44
        4.2.3 レクチンを滴下して蛍光標識した糖鎖リガンドの蛍光変化を観測 … 46
        4.2.4 蛍光標識した糖鎖リガンドをレクチンに滴下して蛍光変化を観測 … 47
    4.3 固定化法によるレクチン–糖鎖結合の評価 …………………………… 48
        4.3.1 ELLA 法 …………………………………………………………… 49
        4.3.2 ELLA 阻害実験 …………………………………………………… 50
        4.3.3 ラテックスビーズ法 ……………………………………………… 51
    4.4 お わ り に ……………………………………………………………… 52
        引 用 文 献 ……………………………………………………………… 52

■5 アミロイドタンパク質をはかる ………………………………… 54

    5.1 は じ め に ……………………………………………………………… 54
    5.2 人工ペプチドを用いるアミロイド線維の増幅 ………………………… 56
    5.3 人工ペプチドを用いる Aβ オリゴマーの迅速線維化と細胞毒性の評価 …… 58
    5.4 Aβ 可溶性オリゴマーの生成を阻害する人工タンパク質の設計 ……… 60
    5.5 お わ り に ……………………………………………………………… 64
        引 用 文 献 ……………………………………………………………… 64

II編　酵素・タンパク質をとらえる

■6 原子間力顕微鏡でタンパク質をとらえる ……………………… 67

    6.1 は じ め に ……………………………………………………………… 67
    6.2 走査型プローブ顕微鏡 ………………………………………………… 67
    6.3 フォースカーブ ………………………………………………………… 70

6.4	生体分子間相互作用の測定	72
6.5	細胞接着力測定	73
6.6	おわりに	74
	引用文献	75

■7　力学的操作でタンパク質・細胞をとらえる　76

7.1	はじめに	76
7.2	タンパク質構造情報の利用	77
7.3	単一分子レベルでのタンパク質力学物性測定方法	77
7.4	リガンド-タンパク質間の相互作用力測定のための準備	78
	7.4.1　タンパク質	78
	7.4.2　架橋剤	78
	7.4.3　基板	80
	7.4.4　探針と基板のシラン化	80
	7.4.5　フォースカーブ取得例	81
	7.4.6　印加速度依存性	81
	7.4.7　実測例	82
7.5	タンパク質の圧縮・延伸実験	83
	7.5.1　炭酸デヒドラターゼの延伸・圧縮実験	83
	7.5.2　延伸実験結果	84
	7.5.3　圧縮実験の結果	85
7.6	細胞膜および細胞の力学測定	86
	7.6.1　細胞の硬さ	86
7.7	おわりに	88
	引用文献	88

■8　細胞骨格のタンパク質をとらえる　89

8.1	はじめに	89
8.2	細胞骨格	89
8.3	微小管	91
8.4	微小繊維（アクチン繊維）	93
8.5	おわりに	97
	引用文献	98

■9　バイオインフォマティクスで酵素の構造と機能をとらえる　99

9.1	はじめに	99

- 9.2 タンパク質の構造を予測する ………………………………… 100
    - 9.2.1 ホモロジーモデリング ……………………………… 101
    - 9.2.2 フォールド認識 ……………………………………… 102
    - 9.2.3 アブイニシオ法 ……………………………………… 104
- 9.3 酵素の機能を予測する ………………………………………… 106
- 9.4 酵素の機能部位を予測する …………………………………… 108
- 9.5 おわりに ………………………………………………………… 109
    - 引用文献 ……………………………………………………… 109

Ⅲ編　酵素・タンパク質を利用する

10 極限酵素を利用する …………………………………………… 113
- 10.1 はじめに ………………………………………………………… 113
- 10.2 耐熱性酵素 ……………………………………………………… 113
    - 10.2.1 遺伝子工学・タンパク質工学用耐熱性酵素 ……… 117
    - 10.2.2 耐熱性加水分解酵素 ………………………………… 118
- 10.3 低温酵素 ………………………………………………………… 119
- 10.4 好アルカリ性酵素 ……………………………………………… 121
- 10.5 好塩性酵素 ……………………………………………………… 122
- 10.6 おわりに ………………………………………………………… 123
    - 引用文献 ……………………………………………………… 123

11 極限酵素を操作する …………………………………………… 124
- 11.1 はじめに ………………………………………………………… 124
- 11.2 極限酵素としてのアルカリキシラナーゼ …………………… 125
- 11.3 キシラナーゼの反応機構 ……………………………………… 126
- 11.4 アルカリキシラナーゼ生産菌の検索と遺伝子解析 ………… 127
- 11.5 キシラナーゼJの触媒活性に関与するアミノ酸残基の特定 … 129
- 11.6 キシラナーゼJの立体構造と触媒部位の構成 ……………… 131
- 11.7 キシラナーゼJのアルカリ性条件における活性発現機構解明と
    耐アルカリ性のさらなる向上 ………………………………… 133
- 11.8 おわりに ………………………………………………………… 135
    - 引用文献 ……………………………………………………… 136

12 非水溶媒中で酵素を利用する ………………………………… 137
- 12.1 はじめに ………………………………………………………… 137

12.2	有機溶媒中での酵素反応	138
12.3	脂質修飾酵素の作製	139
12.4	脂質修飾酵素を用いる有機溶媒均一系でのエステル合成反応	140
12.5	超臨界流体を媒体とする酵素反応	142
	12.5.1　反応媒体としての超臨界流体	142
	12.5.2　超臨界フルオロホルム中での不斉選択エステル化反応	144
12.6	おわりに	147
	引用文献	147

13　酵素を固定化して利用する　148

13.1	はじめに	148
13.2	酵素の固定化とは	148
13.3	固定化活性汚泥を用いる排水処理	149
13.4	固定化微生物を用いるゼノバイオティクスの分解	152
13.5	バクテリオファージを利用するタンパク質の固定化	154
13.6	おわりに	156
	引用文献	157

14　個体レベルで遺伝子を操作する　158

14.1	はじめに	158
14.2	遺伝子操作動物を用いる研究の歴史	158
14.3	トランスジェニックマウス	159
	14.3.1　トランスジェニックマウスの作製原理	159
	14.3.2　トランスジェニックマウス実験の注意点	159
	14.3.3　個体レベルで遺伝子/タンパク質の機能を解析する	160
	14.3.4　遺伝子発現制御領域を同定・解析する	161
14.4	特定の遺伝子を標的にする遺伝子操作	161
	14.4.1　ジーンターゲティング法の基本原理	161
	14.4.2　コンベンショナルノックアウトマウス	163
	14.4.3　コンディショナルノックアウトマウス	164
14.5	ジーンターゲティング法を利用する	166
	14.5.1　酵素・蛍光タンパク質を個体レベルで利用する	166
	14.5.2　IRES配列を利用するバイシストロニックな遺伝子発現	166
14.6	おわりに	168
	引用文献	168

索引　169

I編　酵素・タンパク質をはかる

　I編では,「酵素・タンパク質をはかる」手法,つまり酵素・タンパク質計測技術について5つの基盤的方法について解説する.
　1章では,水晶発振子マイクロバランス(QCM)法を用いるさまざまな酵素反応の定量化について解説する.QCM法により,ミカエリス-メンテンの定常状態仮定法を用いることができない状況でも,酵素反応の動力学パラメーターを詳細に算出することができる.
　2章では,タンパク質の電子移動を電気化学的に計測する手法について解説する.とくに電気化学QCM法を用いることにより,タンパク質分子間電子移動をQCMによる質量変化と合わせて計測することができ,電気化学測定による電子移動の解析と電子移動の際のタンパク質の挙動,つまり,タンパク質の分子間電子移動の際の相互作用を直接解析することを可能とする.
　3章では,酵素免疫測定ELISA法の基礎から始まり,抗体を配向集積させるタンパク質工学手法について解説する.抗体結合タンパク質を配向集積させることにより,抗体を用いるタンパク質検出技術の高感度化が達成される.
　4章では,生体の各種生理機能や疾患などと密接に関連した糖鎖認識タンパク質であるレクチンと糖鎖との結合を,正確に計測するための基本的手法について解説する.このようなレクチン-糖鎖リガンド結合実験の技術と知識を活用することにより,新規化合物設計・合成・評価のサイクルを,より迅速に行うことができるようになる.
　5章では,アルツハイマー病の原因タンパク質であるアミロイドβタンパク質を題材にし,タンパク質のβシート性集合体であるアミロイドを設計したペプチドやタンパク質を利用して,増幅し検出感度を向上させる方法や集合化中間体の生成を阻害させる方法について解説する.

1 酵素反応を重さではかる

1.1 はじめに

　水晶発振子は，金電極基板上に結合した物質量に比例して振動数が減少することから，マイクロバランス(微量天秤)として知られている．基本振動数が 27 MHz の発振子を用いると，0.62 ng cm^{-2} の物質量が結合すれば 1 Hz 振動数が減少するので，振動数変化を ±1 Hz で追跡できれば，ナノグラムレベルの物質の結合量を検出できる．筆者らはこれまでに，水晶発振子マイクロバランス(QCM, quartz crystal microbalance)法を用いて，さまざまな生体分子間相互作用を定量化してきた[1]．図 1.1 に示すように，(a) QCM を糖脂質単分子膜に固定すると糖脂質膜へのタンパク質(レクチン)の結合(糖鎖-タンパク質間相互作用)，(b) 一本鎖 DNA 固定化発振子を用いる DNA ハイブリダイゼーション(DNA–DNA 間相互作用)，(c) 二本鎖 DNA 固定化発振子を用いる塩基配列特異的なタンパク質(転写因子)の結合(DNA-タンパク質間相互作用)，(d) シグナル分子へのレセプターの結合(タンパク質-タンパク質間相互作用)，などが定量できる．これまでは，水晶発振子は水溶液中では安定に発振しに

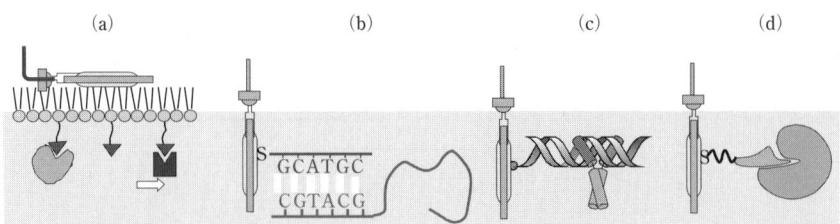

図 1.1　水晶発振子マイクロバランス上での種々の生体分子間相互作用の測定例．(a) 糖鎖表面へのタンパク質や酵素の結合，(b) DNA のハイブリダイゼーションとミスマッチの検出，(c) 二本鎖 DNA 上での転写因子の結合，(d) シグナル分子へのレセプターの結合．

くいことから適当な装置がなかったが,筆者らは装置の改良とマルチチャネル化を進めて,AFFINIX Q4 として市場化している(図1.2).AFFINIX Q4 は,500 μL のセルを4個もち,各セルの底に 27 MHz の水晶発振子を固定化し,水中での相互作用を±1 Hz の精度で測定できる.

QCM 法は基板上の物質量を重量として測定できるので,図1.1に示したような静的な分子間相互作用のみならず,生体内で起こる動的な反応,たとえば酵素反応の解析に用いることができる.ここでは,これまでの酵素反応の解析法と比べながら,QCM 法を用いて酵素反応を解析することの利点について解説する.

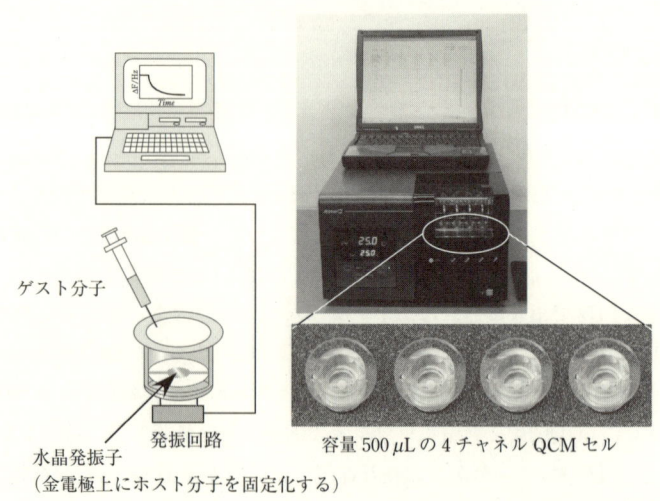

図 1.2 水晶発振子バイオセンサー測定装置(AFFINIX Q4)の模式図.

1.2 従来の酵素反応の解析方法(ミカエリス–メンテン式の限界)

酵素反応では,式(1.1)に示すように,先に基質(S)が酵素(E)に取り込まれて酵素-基質複合体(ES)を作り,反応は複合体内で擬一次反応として進行する.反応速度は生成物(P_1 あるいは P_2)を追跡することによって得られ,式(1.2)で表される.

$$S + E \underset{k_{off}}{\overset{k_{on}}{\rightleftharpoons}} ES \overset{k_{cat}}{\rightleftharpoons} E' + P_1 \overset{速い反応}{\rightleftharpoons} E + P_2 \tag{1.1}$$

$$v = \frac{dP}{dt} = k_{cat}[\mathrm{ES}] \tag{1.2}$$

しかし，ES中間体の各時間での濃度を求めることは困難なので，ESの濃度[ES]は反応中に変化しないとする定常状態を仮定して(式1.3)，[ES]を消去するように式を誘導すると，式(1.4)が得られる．ここで$[\mathrm{S}]_0$と$[\mathrm{E}]_0$は基質と酵素の初濃度であり，反応速度vは$[\mathrm{S}]_0$と$[\mathrm{E}]_0$がわかれば，原理的には式(1.4)で求められる．

$$\frac{d[\mathrm{ES}]}{dt} = k_{on}[\mathrm{S}][\mathrm{E}] - k_{off}[\mathrm{ES}] - k_{cat}[\mathrm{ES}] \tag{1.3}$$

$$v = \frac{k_{cat}[\mathrm{S}]_0[\mathrm{E}]_0}{[\mathrm{S}]_0 + \frac{k_1 + k_{cat}}{k_{off}}} \tag{1.4}$$

ただし，この式は複雑なので式(1.5)を定義すると，式(1.6)のように比較的簡単になる．

$$K_m = \frac{k_{off} + k_{cat}}{k_{on}} \tag{1.5}$$

$$v = \frac{k_{cat}[\mathrm{S}]_0[\mathrm{E}]_0}{[\mathrm{S}]_0 + K_m} \tag{1.6}$$

ここで，式(1.5)に示すように，K_mはES中間体の分解する速度($k_{off}+k_{cat}$)をESの生成速度(k_{on})で割った値であり，ES複合体の平衡定数であるが，k_{on}, k_{off}, k_{cat}の3つのパラメーターが含まれる複雑な値である．式(1.6)は，いわゆるミカエリス-メンテン(Michaelis-Menten)式である．K_mはミカエリス定数とよばれ，実際にはES複合体の解離定数を表している[2]．生化学で酵素反応の速度論を勉強するときに最初に勉強する式である．分母に基質初濃度$[\mathrm{S}]_0$とK_mの2項があり，$[\mathrm{S}]_0$を増加させていくと反応速度vは飽和曲線を描く．カーブフィッティングにより，ミカエリス定数K_mと分子内反応速度定数k_{cat}が得られる．

ミカエリス定数K_mは，$k_{off} \gg k_{cat}$のときに$K_m = k_{off}/k_{on}$になり，酵素の基質に対する親和性(解離定数)を表すことになる．酵素反応でのK_m値とk_{cat}値を求めるためには，ES複合体の生成量が常に一定であるという定常状態仮定法と，$k_{off} \gg k_{cat}$すなわちES複合体の分解速度定数k_{off}が生成物側に進む速度定数k_{cat}よりも非常に大きい，という仮定が必要である．別の言い方をすれば，$k_{off}=k_{cat}$や$k_{on} \ll k_{cat}$のときには，K_mは基質の親和性を表さないということになる[2]．

もしES複合体の生成量を経時的に直接測定することができれば，めんどうな仮定をおかずに，k_{on}, k_{off}, k_{cat}の各速度定数を求めることができ，$K_d = k_{off}/k_{on}$として解離定数が直接求められる．これまでに，ストップトフロー分光(蛍光)光度計を用いてES複合体の生成量を求める研究もされているが，吸収(発光)をもつ基質を用いるな

ど制限が多く，普及していない．マイクロカロリメトリーを用いて基質と酵素の結合定数を求める例はあるが，反応速度を求めることはできない．

QCM 基板上に酵素を固定化できれば，酵素が基質に結合すると重量が増加し，基質が酵素反応で分解していけば基板上の重量減少から反応速度が求められる（図 1.3）．すなわち，QCM 法を用いれば ES 複合体量を直接に質量として追跡できるので，式 (1.1) に示されるすべての反応速度定数（k_{on}, k_{off} と k_{cat}）が求められる．もちろんその後の計算により，基質の酵素に対する酵素定数 K_d も，いわゆるミカエリス定数 $K_m = (k_{off} + k_{cat})/k_{on}$ も求められる．

以下に，DNA や糖鎖あるいはタンパク質を基質として QCM 基板上に固定化し，種々の酵素を加えたときの振動数変化から酵素反応を解析する例について解説する．

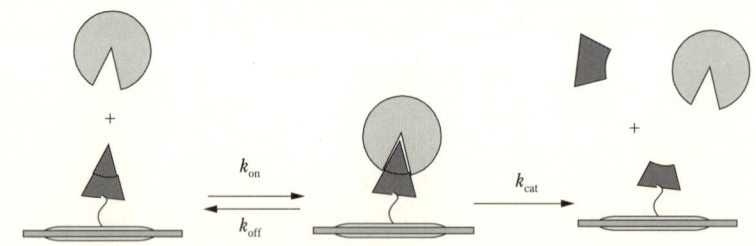

図 1.3　基質を固定化した QCM 基板上での酵素反応の模式図．

1.3　DNA 上での酵素反応の解析

DNA を塩基配列特異的に切断する制限酵素は遺伝子工学で頻繁に使われ，実際にはゲル電気泳動で生成物を追跡することから，酵素反応を定性的に追跡している場合が多い．EcoRV は最もよく使われる制限酵素の 1 つであり，Mg^{2+} イオン存在下でDNA 中の GATATC の二本鎖配列を認識して，その中心部を切断する．図 1.4 に示すように，55 bp のほぼ中央に切断配列をもち末端にビオチンを導入した DNA 鎖を，アビジン層で覆った QCM 基板上に固定化した．図 1.5 に示すように，Mg^{2+} イオン水溶液中で EcoRV を加えると振動数が減少（重量が増加）し，あるところから振動数が上昇（重量が減少）して，最終的には反応開始から 80 Hz 振動数が増加（8 ng cm^{-2} の重量減少）した．発振子上には最初に約 16 ng cm^{-2} の基質を固定化していたので，EcoRV は DNA 鎖の中心部を切断し，半分の長さの DNA が QCM 上に残っていることがわかる[3]．図 1.4(A) の模式図に示すように，最初の重量増加は酵素の基質への結合過程を示し，重量減少は基質の加水分解を反映していることになる．一方切断サイ

1.3 DNA 上での酵素反応の解析

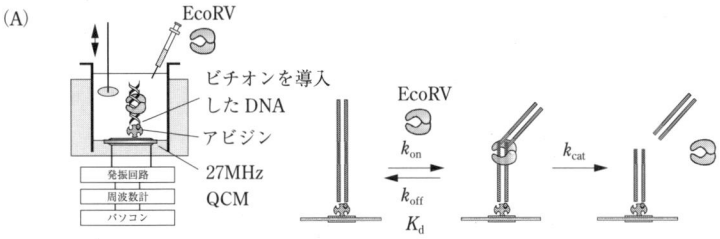

(B)
　　5′　　　　　　　　　　　　　　　　　　　　　　　　　　　　　　　　　　　　　　　3′
ビオチン–GAGTACGCAAGTCATTAGCTACACGATATCTCTCAAGCTACAAATCTACGGGTAC
　　　　　CTCATGCGTTCAGTAATCGATGTGCTATAGAGAGTTCGATGTTTAGATGCCCATG
　　3′　　　　　　　　　　　　　　　　　　　　　　　　　　　　　　　　　　　　　　5′
　　　　　　　　　　　　　　特異的 DNA

　　5′　　　　　　　　　　　　　　　　　　　　　　　　　　　　　　　　　　　　　　　3′
ビオチン–GAGTACGCAAGTCATTAGCTACACGTCGTATCTCAAGCTACAAATCTACGGGTAC
　　　　　CTCATGCGTTCAGTAATCGATGTGCAGCATAGAGTTCGATGTTTAGATGCCCATG
　　3′　　　　　　　　　　　　　　　　　　　　　　　　　　　　　　　　　　　　　　5′
　　　　　　　　　　　　　　非特異的 DNA

図 1.4 (A) DNA 固定化 QCM 上での制限酵素 EcoRV による塩基配列特異的な切断反応の模式図と，(B) 用いた 58 bp の切断サイトをもつ特異的 DNA と切断サイトをもたない非特異的 DNA の構造．

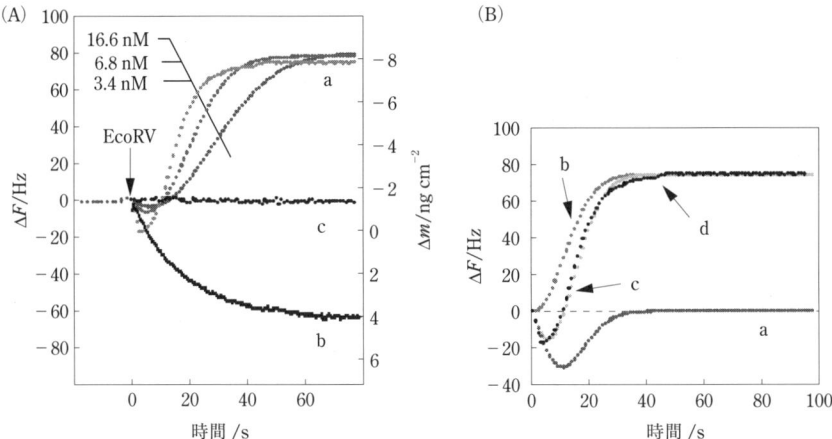

図 1.5 (A) DNA 固定化 QCM に EcoRV を添加したときの振動数変化．a：Mg^{2+} イオン存在下での特異的 DNA 基質と EcoRV(3.4, 6.8, 16.6 nM)の反応，b：Ca^{2+} イオン存在下での特異的 DNA 基質と EcoRV(6.8 nM)の反応，c：非特異的 DNA と EcoRV(6.8 nM)の反応(10 mM トリス–HCl，pH 7.5，150 mM NaCl，1 mM DTT，5 mM $MgCl_2$，25℃)．
(B) (A)での曲線 a のカーブフィッティング．a：次式で表される[ES]複合体の生成量，[ES] = $[ES]_{max}(1 - e^{-t/\tau})$ + [P] $(1 - e^{-t/\tau})$，b：次式で表される生成物のできる速度，[P] = (k_{cat}/D_p) ∫[ES]dt，c：式 a と式 b の連立方程式から求めた理論式，d：[E] = 16.6 nM での実測値．

トをもたない非特異的 (non-specific) DNA に対して，EcoRV は結合も切断もしない (図 1.5(A) の直線 c)．また Ca^{2+} イオン存在下では，EcoRV は DNA に結合はするが切断はできないこともわかる (曲線 b)．曲線 a で酵素濃度を 3.4 nM から 16.6 nM に増加させていくと，最初の重量増加に示される酵素-脂質 (ES) 複合体の生成量が増加し，重量減少の傾きすなわち加水分解速度が比例して増加することがわかる．

図 1.5(A) の振動数変化は，QCM 基板上の ES 複合体の経時変化を表している．この曲線は，ES 複合体ができることによる重量増加と加水分解による基質の減少量が合わさった複雑な曲線である．図 1.5(B) の酵素濃度 16.6 nM のときに得られた曲線 d は，ES 複合体の生成量を表す曲線 a と，生成物ができることによる基板上の重量減少を表す曲線 b に分離できる．この 2 式を連立方程式として，カーブフィッティングして理論曲線 c を求めた．結果として ES 複合体の生成速度定数 k_{on}，ES 複合体の解離速度定数 k_{off}，ES 複合体の解離定数 $K_d = k_{off}/k_{on}$，酵素触媒定数 k_{cat} が得られる (図 1.5(B) の反応式参照)．Mg^{2+} イオン存在下と Ca^{2+} イオン存在下での EcoRV の酵素反応の動力学パラメーターを，表 1.1 にまとめる．

表 1.1　EcoRV の DNA 切断反応の動力学定数

方法	金属イオン	結合過程			切断過程
		$k_{on}/10^3\,M^{-1}\,s^{-1}$	$k_{off}/10^{-3}\,s^{-1}$	K_d/nM	k_{cat}/s^{-1}
QCM 法	Ca^{2+}	7.5	1.1	1.5	—
	Mg^{2+}	7.4	1.2	1.6	0.6
ゲルシフトアッセイ法	Mg^{2+}	—	—	—	0.43

10 mM トリス-HCl，pH 7.5，150 mM NaCl，1 mM DTT，5 mM $MgCl_2$，25℃

Mg^{2+} イオン存在下と Ca^{2+} イオン存在下では，酵素が DNA 鎖に結合するときの k_{on} と k_{off} はほとんど同じで，したがって K_d も同じであり，切断過程の k_{cat} だけが異なった．得られた $k_{cat} = 0.6\,s^{-1}$ は，溶液中でのゲルシフト法で求められた値 ($k_{cat} = 0.43\,s^{-1}$) とよい一致を示した．すなわち EcoRV は，2 価カチオンの種類に依存して切断反応を触媒していることになる．従来のゲル電気泳動などの方法では，結合過程だけの Ca^{2+} イオン存在下では，結合反応は追跡できるが，結合と切断が連続して進行する Mg^{2+} イオン存在下では追跡できなかった．

図 1.6 に示すように，QCM 法は DNA 上で起こる (a) ポリメラーゼ反応[4]，(b) リガーゼ反応[5]，(c) エキソ (exo) 型加水分解反応[6]，(e) 制限酵素反応[3,7]にも応用できる．

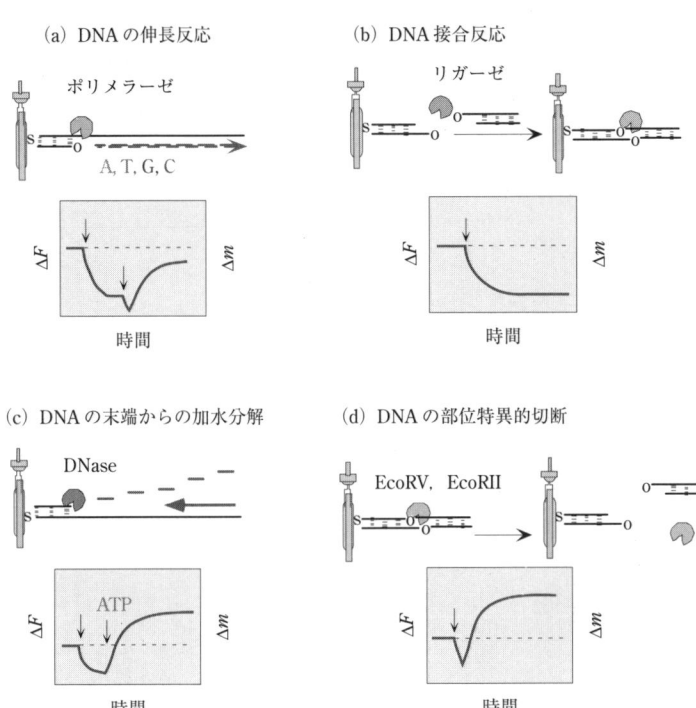

図 1.6 DNA 上での(a)ポリメラーゼ，(b)リガーゼ，(c)エキソ型ヌクレアーゼ，(d)制限酵素(エンド型ヌクレアーゼ)の酵素反応．

1.4 糖鎖上での酵素反応

　酵素反応の中でも，DNA 関連酵素やタンパク質分解酵素は基質自身が紫外部に吸収をもつ場合が多いので，分光法が適用でき多くの研究が進んでいる．一方，糖鎖関連酵素は，基質や生成物は糖鎖であり，紫外部に吸収がなくプローブを導入するのも困難な場合が多い．たとえば，アミロペクチンなどの α-グルカンのグルコアミラーゼによる加水分解反応は，生成するグルコースを経時的に銅イオンと煮沸し，リンモリブデン酸で青色に呈色して反応を追跡する必要がある(ソモギ-ネルソン(Somogyi-Nelson)法)．反応の追跡方法が限られている糖鎖関連酵素の反応解析にこそ，QCM 法が適している．

　アミロペクチンの還元末端をビオチン化し，アビジン層で覆った QCM 基板上に固定化した．図 1.7 に示すように，DNA 上での制限酵素反応と同様に，水溶液中で糖加水分解酵素であるグルコアミラーゼを加えると，酵素の結合による振動数減少(重

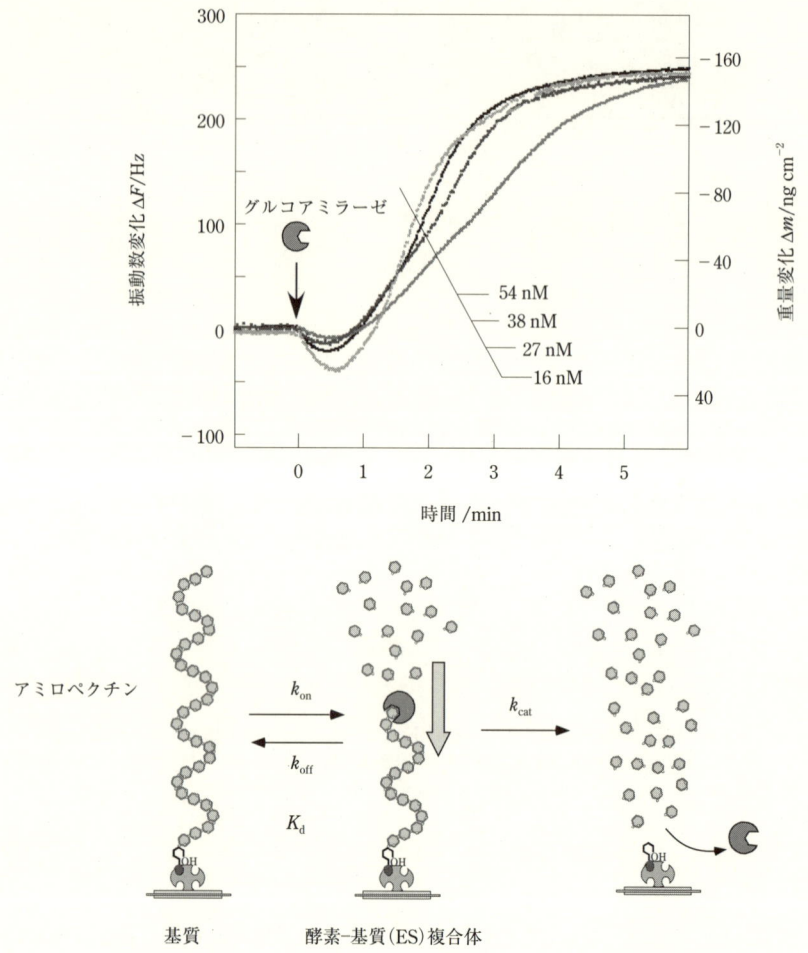

図 1.7 アミロペクチンを基質としたときのグルコアミラーゼによる加水分解反応における振動数変化.図中の数字は酵素濃度,20 mM 酢酸緩衝液(pH：4.8),0.1 M NaCl,25℃.

量増加)と,引き続いて起こる加水分解反応による重量減少が観察された.最終的には,反応開始から 200 Hz 振動数が増加(140 ng cm^{-2} の重量減少)した.発振子上には最初に約 140 ng cm^{-2} の基質を固定化していたので,基板上のすべての基質が分解したことになる[8].グルコアミラーゼはエキソ型の酵素でアミロペクチンの非還元末端に結合して,1つずつグルコースを放出していく.酵素濃度を 16 nM から 54 nM に増加させていくと,最初の重量増加に示される ES 複合体の生成量が増加し,重量減少の傾きすなわち加水分解速度が比例して増加することがわかる.

図 1.5(B) と同じように，反応の経時変化をカーブフィッティングで解析し，結果を表 1.2 にまとめる．バルク溶液中のミカエリス-メンテン法では，ES 複合体のみかけの解離定数 K_m と分子内反応速度定数 k_{cat} のみが求められるのに対して，QCM 法では，すべてのパラメーターすなわち ES 複合体の生成速度定数 k_{on}，ES 複合体の解離速度定数 k_{off}，ES 複合体の解離定数 $K_d = k_{off}/k_{on}$，分子内反応定数 k_{cat} が得られる．分子内反応定数 k_{cat} は両者の間では誤差範囲内で一致しているが，ミカエリス-メンテン法で求めたみかけの解離定数 $K_m = 59$ mM と，QCM 法で求めた解離定数 $K = 0.004$ mM の間には，10^4 倍の大きな差がみられた．1.2 節の式(1.5)で示したように，K_m がみかけの解離定数 k_{off}/k_{on} になるためには $k_{off} \gg k_{cat}$ である必要がある．QCM 法で求めた ES 複合体の解離速度定数 $k_{off} = 0.000093$ s^{-1} と分子内速度定数 $k_{cat} = 93$ s^{-1} を比較すると，$k_{off} \ll k_{cat}$ であり，K_m 値は k_{off}/k_1 ではなく k_{cat}/k_{on} と表されることになる．すなわち，この反応ではミカエリス-メンテン式で求めた K_m 値は解離定数ではないことになる．グルコアミラーゼはエキソ型の酵素で，基質の端から順に切断して反応が進行する．このような酵素は，一度基質に結合すると離れずに加水分解すると考えられ，QCM で求めた動力学の結果は，基質から離れる速度定数 k_{off} より 10^3 倍も分子内反応速度定数 k_{cat} が大きく，エキソ型酵素の特徴がよく反映されている．

表 1.2 アミロペクチンを基質としたときのグルコアミラーゼ加水分解反応の動力学的解析の比較[†1]

	$k_{on}/10^3$ M^{-1}s^{-1}	$k_{off}/10^{-3}$ s^{-1}	K_d[†2]/μM	K_m[†3]/μM	k_{cat}/s^{-1}
QCM 法	23	0.093	4.0×10^{-3}	—	93
ミカエリス-メンテン法	—	—	—	59	40

[†1] 20 mM 酢酸緩衝液 (pH 4.8)，150 mM NaCl，25℃
[†2] $K_d = k_{off}/k_{on}$ (解離定数)
[†3] $K_d = (k_{off} + k_{cat})/k_{on}$ (ミカエリス定数)

β-アミラーゼは，アミロースの非還元末端から α-1,4 結合を 2 糖単位で加水分解する酵素である．最近，京都大学の三上らによりダイズ由来 β-アミラーゼの結晶構造解析がなされ，活性中心の役割が明らかになりつつある（図 1.8)[9]．活性中心には 2 個のグルタミン酸残基があり，Glu186 はフレキシブルループ (flexible loop) 上，Glu380 はインナーループ (inner loop) 上にあり，酸塩基触媒作用を行っている．インナーループ上には Thr342 が大きく活性中心に張り出していて，アミロースの -1 グルコース残基が大きくひずみ，そのために $+1$ と -1 グルコース間の結合が切れやすくなっているのではないかと推察されている．

筆者らはこのことを動力学的に確かめるために，β-アミラーゼの T342V，T342A，

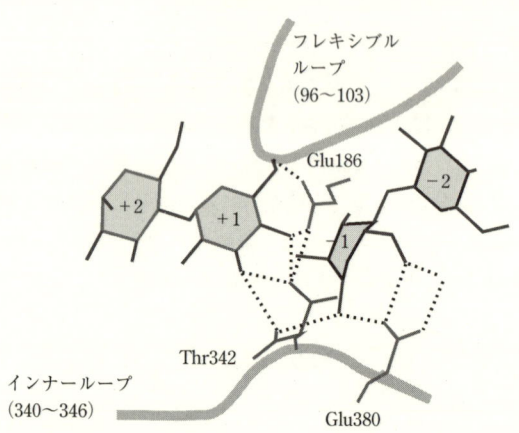

図 1.8 点変異導入ダイズ由来アミラーゼによるアミロースの加水分解の模式図.
[A. Hirata et al., *J. Biol. Chem.*, **279**, 7287(2004)を改変]

E186A, E380A の 4 種の点変異体を作製し, 野生型(wild type, WT)とともに, ビオチン化アミロースを固定化した QCM 上での加水分解反応を追跡した. 図 1.9(a)に示すように, アミロース固定化 QCM に野生型アミラーゼを添加したときには振動数は大きく上昇した. これは QCM 上のアミロースが加水分解されたことを反映しており, QCM 上に固定化したアミロース 20 ng cm^{-2} がすべて加水分解されたことがわかる. また, 振動数が下に沈み込まないですぐに上昇したことは, 酵素のアミロースに対する親和性 K_d に比べて k_{cat} 値がきわめて大きいことを示唆している. 事実, 経時変化をカーブフィッティングして酵素のアミロースに対する K_d 値と k_{cat} 値を求めると, 図 1.9(b)の表中に示すように, $K_d = 10^{-3}$ M は表 1.2 のグルコアミラーゼの $K_d = 10^{-9}$ M に比べて 10^6 倍も大きく, $k_{cat} = 370$ s^{-1} は同じくグルコアミラーゼの $k_{cat} = 93$ s^{-1} に比べて大きいことが確認された.

インナーループ上に張り出した Thr342 を, 側鎖基が小さい Val や Ala に変えた

1.4 糖鎖上での酵素反応

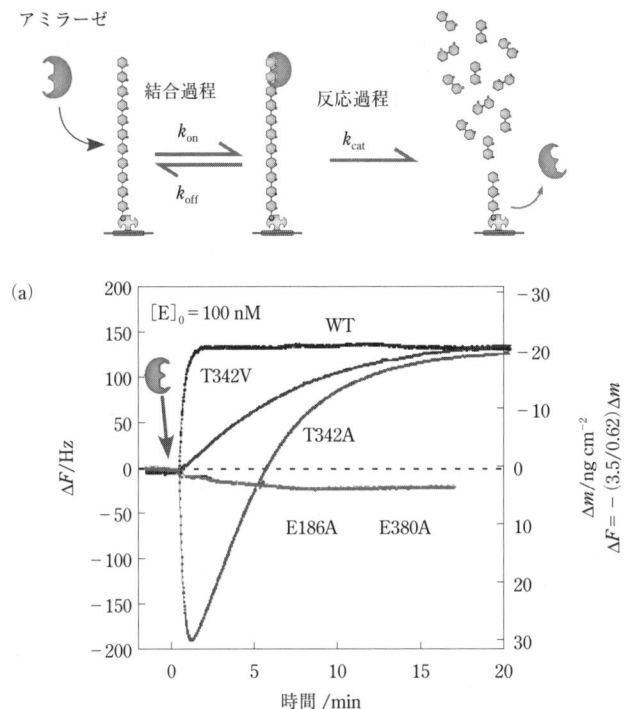

図 1.9 (a)アミロース固定化 QCM を用いる点変異アミラーゼによる加水分解反応の経時変化と，(b)その動力学定数．100 mM 酢酸ナトリウム緩衝液(pH 5.4)，25℃．

	$k_{on}/10^3$ M^{-1} s^{-1}	$k_{off}/10^{-3}$ s^{-1}	$K_d/10^{-6}$ M	$k_{cat}/$ s^{-1}
WT	—	—	690	370
T342V	—	—	1400	38
T342A	87	6.2	0.071	0.27
E186A	—	—	3.2	0
E380A	—	—	1.3	0

T342V や T342A では，酵素を加えたときの振動数の沈み込みが大きくなり，逆に加水分解速度を反映しているその後の振動数の上昇カーブの傾きはゆるくなった(図 1.9(a))．このことは，酵素のアミロースに対する親和性が向上するが，加水分解速度は減少したことを示している．事実，カーブフィッティングにより K_d 値と k_{cat} 値を求めると，T342A では $K_d=10^{-8}$ M まで 1/10000 になり，k_{cat} 値は 370 s^{-1} から 0.27 s^{-1} と 1/1000 になった(図 1.9(b))．これは，インナーループ上に大きく張り出してアミロース基質にひずみを与えていた Thr342 の側鎖が小さくなったために，アミロース

13

基質が活性中心に入りやすくなり K_d 値が減少したことを，また Thr342 が基質にひずみを与えなくなったために切断速度が低下したことを反映している．

　触媒活性基である Glu を Ala に置き換えた E186A や E380A を用いるときには，振動数の沈み込みのみがみられ，酵素が基質に結合するが加水分解しないことがわかる．カーブフィッティングから $K_d = 10^{-6}$ M が得られ，Glu を Ala に置き換えることにより基質の親和性が向上した．

　従来の研究では，酵素に点変異を導入しミカエリス-メンテン式で生成物を追跡して反応を解析した場合には，生成物が得られなくなったときに，基質の結合性が低下したのか触媒活性がなくなったのかの区別ができなかった．しかし QCM 法では，基質への結合過程と触媒過程が別々に求められるので，点変異がどちらに効いているのかを区別できる点がすぐれている[10]．

　図 1.10 に示すように，(a) アミラーゼよるアミロースのエキソ型加水分解[8]，(b) イソマルトデキストラナーゼによるデキストランのエキソ型加水分解[11,12]，(c) デキストランスクラーゼによるデキストランの糖鎖伸長反応[10]，(d) ホスホリラーゼによるアミロペクチンやアミロースの加リン酸分解や糖鎖伸長反応の可逆的制御[13,14]，なども QCM 上で追跡できる．

(a) エキソ型加水分解反応

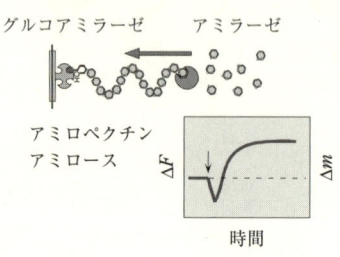

(b) デキストランの分解

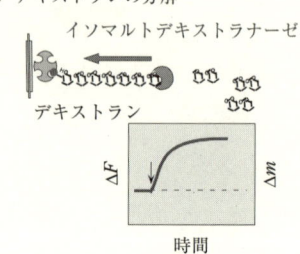

(c) 糖鎖伸長反応

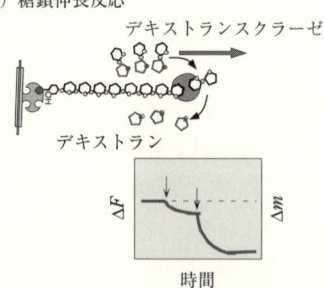

(d) 加リン酸分解と伸長反応の可逆的反応

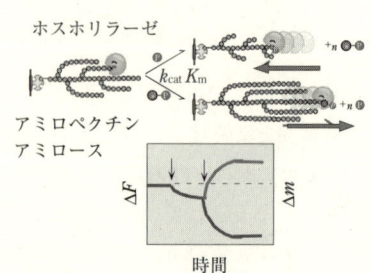

図 1.10 糖鎖上での (a) エキソ型加水分解，(b) デキストランの分解，(c) 糖鎖伸長反応，(d) 加リン酸分解と伸長の可逆的な酵素反応．

1.5 タンパク質上での酵素反応

QCM法は，プロテアーゼのタンパク質分解反応にも応用できる．ここでは，タンパク質の疎水性部位を選択的に切断するエンド(endo)型プロテアーゼとしてサブチリシン，タンパク質のC末端から順に加水分解するエキソ型プロテアーゼとしてカルボキシペプチダーゼPを選び，その触媒作用の違いについて比較する．

グルコアミラーゼは，2つのドメイン(50 kDaと12 kDa)をつなぐリンカー部分がサブチリシンにより選択的切断されることが知られているので，基質として選んだ．図1.11に示すように，アミノカップリング法によりグルコアミラーゼをQCM基板上に固定化し，サブチリシンを加えると，酵素の基質への結合による振動数減少(重量増加)と，それに引き続いて起こるグルコアミラーゼ基質の加水分解による振動数上昇(重量減少)が観察された．酵素濃度の増加に連れて最初の重量増加(ES複合体の生成)が増加し，続く加水分解速度が上昇することがわかる．

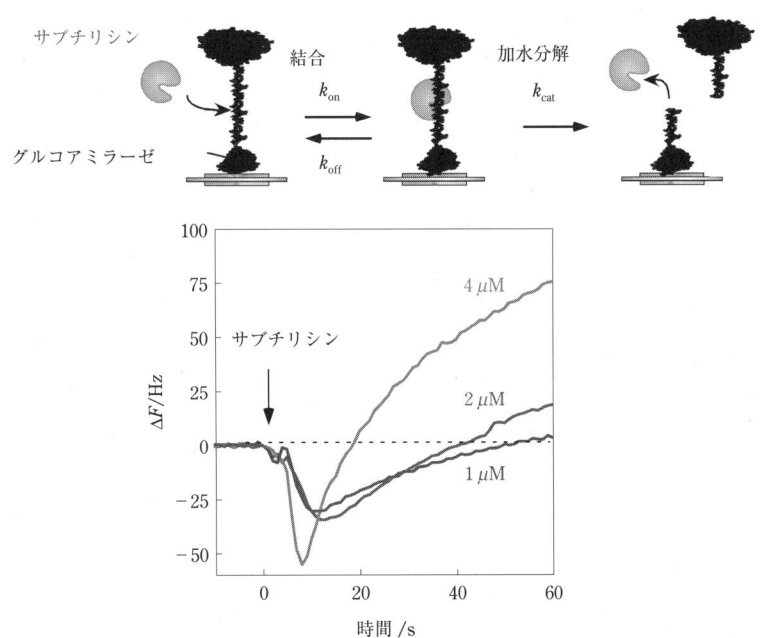

図 1.11 サブチリシン($1 \sim 4\,\mu\mathrm{M}$)によるグルコアミラーゼ基質のエンド型加水分解．20 mM トリス–HCl，pH 7.4，200 mM NaCl，1 mM $CaCl_2$，25℃．

ミオグロビンは分子内にジスルフィド(SS)結合がなく，αヘリックスだけで構成されている 17 kDa のタンパク質で，C 末端から順に加水分解していくエキソ型酵素であるカルボキシペプチダーゼの基質として適している．ミオグロビンのアミノ基にビオチン基を導入し，アビジンで 1 層覆った QCM 上に固定化した．図 1.12 に示すように，ミオグロビン固定化 QCM にエキソ型酵素であるカルボキシペプチダーゼ P を加えると，エンド型酵素と同じように，振動数減少とそれに続く振動数上昇が観察された（曲線 a）．一方，カルボキシペプチダーゼの活性中心のセリン基を 4-(2-アミノエチル)-ベンゼンスルホニル基で不活性化した酵素を加えたときは，基質への結合過程だけが観察された（曲線 b）．また，カルボキシペプチダーゼをアビジン基板に添加しても，結合も分解もみられなかった（曲線 c）．以上のことから，図 1.12 の曲線 b は，ミオグロビンへのカルボキシペプチダーゼの結合と C 末端からの加水分解反応を表している．

図 1.11 のエンド型酵素による加水分解反応と図 1.12 のエキソ型酵素による加水分

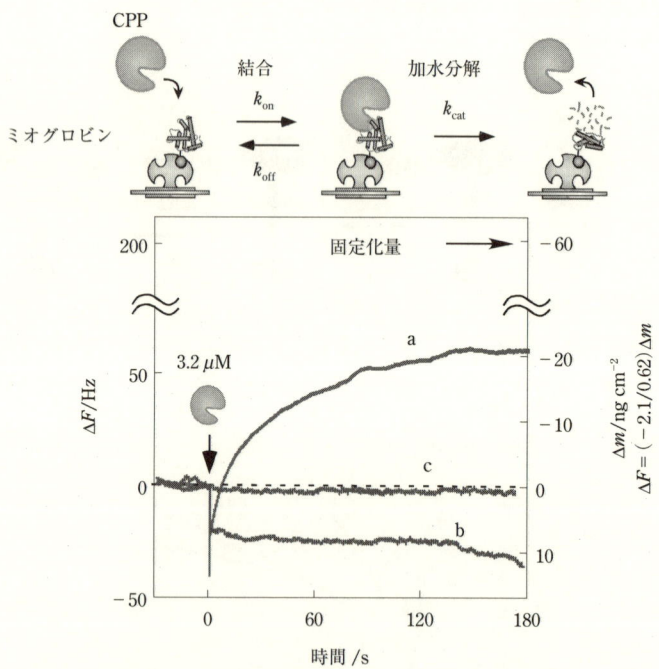

図 1.12 タンパク質のエキソ型加水分解．a：カルボキシペプチダーゼによるミオグロビン基質の加水分解．b：不活性型カルボキシペプチダーゼによるミオグロビンの加水分解．c：カルボキシペプチダーゼによるアビジンの加水分解．50 mM クエン酸塩緩衝液 pH 3.7，200 mM NaCl，25℃．

解反応を，図 1.5(B) と同じ手法で解析した．その結果を表 1.3 にまとめる．エンド型酵素とエキソ型酵素を比べてみると，酵素と基質の解離速度定数 $k_{off}=0.2\text{ s}^{-1}$ は同じであるが，一方，エンド型の $k_{on}=13\text{ s}^{-1}$ はエキソ型の $k_{on}=1.0\text{ s}^{-1}$ より大きく，逆に k_{cat} 値はエキソ型 (1.1 s^{-1}) のほうがエンド型 (0.08 s^{-1}) に比べて大きかった．これは，エンド型酵素では部位特異的に酵素が結合するために酵素の基質への結合速度定数 k_{on} が大きく，一度結合してしまえばその切断速度 k_{cat} はそんなに大きくなくてもよいことを表している．一方エキソ型酵素では，C 末端アミノ酸への選択性が大きくないので k_{on} が小さく，しかし一度基質に結合すると C 末端から順になるべく早く加水分解する必要があるので k_{cat} 値が大きい．すなわち，QCM 法を用いることにより，これまで測定できなかった k_{on}, k_{off}, k_{cat} のすべての速度定数が得られ，そのために両酵素の k_{on} と k_{cat} 値に表れる反応機構の違いを考察することができた．

またエンド型酵素では，$k_{off}=0.2\text{ s}^{-1} \gg k_{cat}=0.08\text{ s}^{-1}$ であり，ES 複合体は加水分解されるよりももとに戻る速度が大きい．したがって $K_m=(k_{off}+k_{cat})/k_{on}$ は k_{off}/k_{on} と表され，表 1.3 にあるように，$K_m=2.3\text{ }\mu\text{M}$ と $K_d=1.5\text{ }\mu\text{M}$ とほぼ等しくなる．一方エキソ型酵素では，$k_{off}=0.2\text{ s}^{-1} \ll k_{cat}=1.1\text{ s}^{-1}$ であり，ES 複合体はすぐに分解して，$K_m=(k_{off}+k_{cat})/k_{on}=130\text{ }\mu\text{M}$ と $K_d=20\text{ }\mu\text{M}$ とは一致しない．すなわち，エキソ型酵素では，酵素と基質の解離定数は ES 複合体の解離定数とは一致しない．

以上述べたように，QCM 法で酵素反応を追跡することで k_{on}, k_{off}, k_{cat} のすべての速度定数を得ることにより，はじめてエンド型酵素とエキソ型酵素の律速過程の違いを議論できたことになる．

表 1.3 エンド型とエキソ型プロテアーゼの触媒作用の違い

プロテアーゼ	$k_{on}/10^4\text{ M}^{-1}\text{s}^{-1}$	k_{off}/s^{-1}	$K_d/\mu\text{M}$	$K_m/\mu\text{M}$	k_{cat}/s^{-1}
サブチリシンによるエンド型加水分解	13	0.2	1.5	2.3	0.08
カルボキシペプチダーゼによるエキソ型加水分解	1.0	0.2	20	130	1.1

$k_{off} \gg k_{cat}$ のとき $K_m=(k_{off}+k_{cat})/k_{on} \fallingdotseq K_d$
$k_{off} \ll k_{cat}$ のとき $K_m=(k_{off}+k_{cat})/k_{on} \neq K_d$

$$\text{E}+\text{S} \underset{k_{off}}{\overset{k_{on}}{\rightleftarrows}} \text{ES} \xrightarrow{k_{cat}} \text{E}+\text{P}$$

1.6 おわりに

　従来は，酵素反応は ES 複合体を追跡することが困難であったために，生成物の定量から，ミカエリス-メンテン式を用いて K_m 値と k_{cat} 値を求めてきた．K_m 値は k_{on}，k_{off}，k_{cat} の3つのパラメーターを含むために，解釈が困難であった．しかし QCM 法では，ES 複合体の生成と分解速度を質量変化として追跡できるために k_{on}，k_{off}，k_{cat} の3つの値を個別に求めることができ，酵素反応の各過程を定量的に議論することができる．今後は，QCM 法が酵素反応の反応解析の新しい基準となり，さらに複雑な反応解析まで拡張できることが期待される．

引用文献

1) 古澤宏幸，岡畑恵雄，分子間相互作用解析ハンドブック（磯部俊明，中山敬一，伊藤隆司編），p.137-143，羊土社 (2007)
2) N.B. Madsen, *A Study of Enzymes*, vol. II (S.A. Kuby ed.), CRC Press (1991)
3) S. Takahashi, H. Matsuno, H. Furusawa, Y. Okahata, *Chem. Lett.*, **36**, 230-231 (2007)
4) K. Niikura, Y. Okahata, *Chem. Eur. J.*, **7**, 3305-3312 (2001)
5) Y. Okahata, Y. Masunaga, H. Matsuno, H. Furusawa, *Nucleic Acids Symposium Ser.*, **42**, 147-148 (1999)
6) H. Matsuno, H. Furusawa, Y. Okahata, *Biochemistry*, **44**, 2262-2270 (2005)
7) S. Takahashi, H. Matsuno, H. Furusawa, Y. Okahata, *J. Biol. Chem.*, **283**, 15023-15030 (2008)
8) H. Nishino, T. Nihira, T. Mori, Y. Okahata, *J. Am. Chem. Soc.*, **126**, 2264-2265 (2004)
9) A. Hirata, M. Adachi, A. Sekine, Y-N. Kang, B. Mikami, *J. Biol. Chem.*, **279**, 7287-7295 (2004)
10) T. Nihira, M. Mizuno, T. Tonozuka, Y. Sakano, T. Mori, Y. Okahata, *Biochemistry*, **44**, 9456-9461 (2005)
11) T. Mori, Y. Sekine, K. Yamamoto, Y. Okahata, *Chem. Commun.*, **2004**, 2692-2693
12) T. Mori, Y. Okahata, *Trends in Glycoscience and Glycotechnology*, **17**, 71-83 (2005)
13) Y. Okahata, T. Mori, H. Furusawa, T. Nihira, *Piezoelectric Sensors*, p.341-369, Springer Verlag (2007)
14) H. Nishino, A. Murakawa, T. Mori, Y. Okahata, *J. Am. Chem. Soc.*, **126**, 14752-14757 (2004)
15) H. Furusawa, H. Takano, Y. Okahata, *Org. Biomol. Chem.*, **6**, 727-731 (2008)
16) H. Furusawa, H. Takano, Y. Okahata, *Anal. Chem.*, **80**, 1005-1011 (2008)

2 タンパク質の電子移動をはかる

2.1 はじめに

　生体内ではいくつもの酸化還元反応が進行しており，代謝経路，エネルギー生産経路において，タンパク質の酸化還元が中心的な役割を担っている．酸化還元を伴う反応を計測する有効な手法の1つとして，電気化学測定がある．電気化学測定は電極表面での分子の酸化還元を制御する手法である．また，電気化学測定法とQCM測定（水晶発振子マイクロバランス，1章参照）を組み合わせた複合同時測定法（EQCM測定，2.3.1項）や，電気化学測定と分光測定との同時測定を利用することにより，分子の電極表面への吸着および脱離などを定量化できる．これらを同時に測定することにより，タンパク質の電子移動とその際のタンパク質の挙動をリアルタイムで計測できる．ここでは，タンパク質の分子内電子移動および分子間電子移動の測定について説明する．
　電気化学測定では，タンパク質の酸化還元電位，分子内電子移動速度などが明らかにされる．またEQCM測定では，タンパク質の分子間電子移動の機構を探ることができる．これらの手法により，タンパク質がかかわる多くの生体反応が明らかとなるといえる．ここでは，電気化学の代表的な測定手法であるサイクリックボルタンメトリーを概説し，さらにタンパク質の電気化学において新しい手法であるEQCM測定を紹介する．

2.2 分子内電子移動

2.2.1 サイクリックボルタンメトリーの測定法と原理

　サイクリックボルタンメトリーは作用電極の電位を掃引し，その電流値を測定する

手法である．例として，サイクリックボルタンメトリーで測定したメチルビオローゲンの一電子酸化還元反応を示す．サイクリックボルタンメトリーでは，図2.1(a)に示すように，電位の範囲を高電位から低電位へ，低電位から高電位へとサイクルさせる．例に示したメチルビオローゲンの測定においては，−0.3 V→−0.9 V→−0.3 Vのように掃引する．このサイクルの過程で流れる電流値を記録すると図2.1(b)のような電流-電圧曲線が得られる．−0.3 Vの時点では酸化型メチルビオローゲンの均一溶液であるが，電極からの電子受容に伴い，徐々に電極表面で還元型メチルビオローゲンが濃縮される．酸化還元電位付近では酸化型の電子受容速度が最大となるため，電流値のピークが得られる（カソード電流）．その後−0.9 Vでは，電極表面付近のすべてが還元型メチルビオローゲンとして存在し，酸化型がないためこれ以上電流は流れない．

次に，−0.9 Vに達すると電位の掃引方向が反転し，作用電極はアノードとなる．この電位掃引では，電極表面で濃縮された還元型メチルビオローゲンは電極への電子供与を始める．その結果，徐々に酸化型メチルビオローゲンになり，再び−0.3 Vに達すると酸化型メチルビオローゲンの均一溶液に戻る．

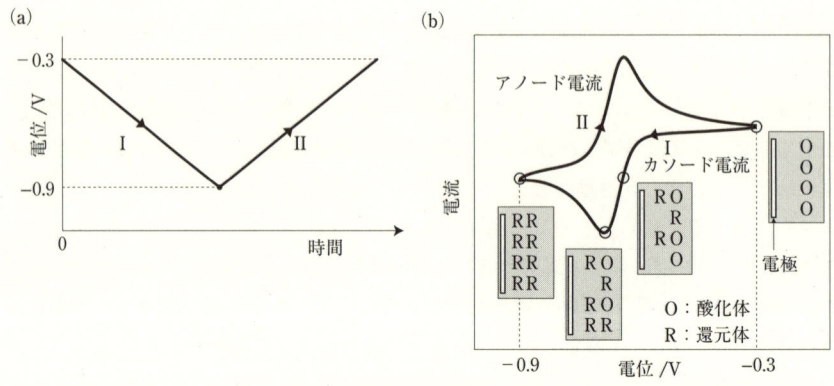

図2.1 サイクリックボルタモグラムの概要（例：メチルビオローゲン）．(a)作用電極電位の掃引，(b)ボルタモグラム（電流-電位曲線）と電極表面での酸化体および還元体の濃度．

以上のように，サイクリックボルタンメトリーでは溶液の撹拌を行わないため，電極表面での還元体の濃縮とその解消のサイクルを繰り返す．サイクリックボルタンメトリーのボルタモグラム（電流-電位曲線）は理論的に説明され，その理論式から酸化還元反応を解析することができる[1]．

2.2.2 タンパク質の分子内電子移動測定

サイクリックボルタンメトリーでは，酸化還元電位と電子数，分子内電子移動の測

2.2 分子内電子移動

定(タンパク質固定化電極の利用)，の２つを明らかにできる．

A. 酸化還元電位と電子数

酸化還元電位は，以下に示すネルンスト(Nernst)の式(2.1)で表すことができる．

$$E = E_0 + RT/nF \ \ln([\mathrm{ox}]/[\mathrm{red}]) \tag{2.1}$$

ここで，E は電位，E_0 は酸化還元電位，R は気体定数($= 8.314\ \mathrm{JK^{-1}\ mol^{-1}}$)，$T$ は絶対温度，n は反応の電子数，F はファラデー定数($= 96484.6\ \mathrm{Cmol^{-1}}$)，[ox] は酸化体の濃度，[red] は還元体の濃度を表している．

酸化還元電位の定義は，酸化体と還元体との濃度比が１である場合の電位である($E = E_0$)．したがって，酸化還元電位はボルタモグラムにおけるアノードピークとカソードピークとの中点の電位である．図2.2(a)に示す×印の電位が酸化還元電位である．図中の i_a はアノードピーク電流値，i_c はカソードピーク電流値である．それぞれのピーク位置の電位は，酸化還元物質と電極との電子移動速度および電極界面分子での移動速度によって，ピーク電位差 $\Delta E'$ は異なるが，酸化還元電位は変化しない．

ボルタンメトリーからわかる電子数 n とは，酸化還元に利用した電子数である．ボルタモグラムから酸化還元電位を決定したのち，その反応に利用された電子数を知るには，アノードピークまたはカソードピークの幅を求める．例として，図2.2(b)にアノードピークの拡大図を示す．I_p はアノードピーク電流を示す．ΔE_p は i_p の半分の値を与える電位幅，近い表現で言い換えるとピークの半値幅といえる．理論的には，

$$\Delta E_\mathrm{p} = 59.5\ \mathrm{mV}\ n^{-1} \quad (n: 電子数) \tag{2.2}$$

となる．したがって，メチルビオローゲンのように，一電子酸化還元反応の場合 $\Delta E_\mathrm{p} = 59.5\ \mathrm{mV}$ となり，二電子酸化還元分子の場合ならば，$\Delta E_\mathrm{p} = 29.75\ \mathrm{mV}$ となって，ピークが鋭くみえる．

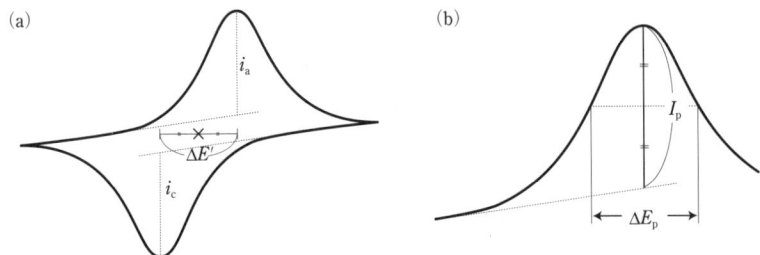

図2.2　ボルタモグラムのデータ処理．(a)酸化還元電位とピーク位置．×印：酸化還元電位，i_a：アノードピーク電流値，i_c：カソードピーク電流値．(b)ピーク半値幅の求め方．一電子酸化還元では $\Delta E_\mathrm{p} = 59.5\ \mathrm{mV}$

以上のように,サイクリックボルタンメトリーでは,酸化還元電位および反応に利用した電子数を求めることができる.

B. 分子内電子移動速度とそのメカニズム

酸化還元分子を電極上に単分子層として固定化した場合,サイクリックボルタンメトリーを用いて分子内電子移動のメカニズムを知ることができる.この場合のサイクリックボルタモグラムのシミュレーションを図2.3に示す.電位掃引速度が低い場合($0.1, 1\,\mathrm{Vs}^{-1}$),アノードピークとカソードピークはほぼ同一の電位である.一方,掃引速度を高めた場合,アノードとカソードとのピーク電位差が大きくなる.これは,電極と酸化還元分子との電子移動が掃引速度に追いついていないために起こる.単分子層におけるこのような挙動は,マーカス(Marcus)の電子移動理論に基づいて解析される[2〜4].したがって,アノードとカソードとのピーク電位差を調べることにより,酸化還元分子の分子内電子移動速度およびそのメカニズムを知ることができる.

これらの曲線を,マーカス理論と次のバトラー−ボルマー(Butler−Volmer)式を用いて解析すると,電子移動速度定数を求めることができる[5,6].

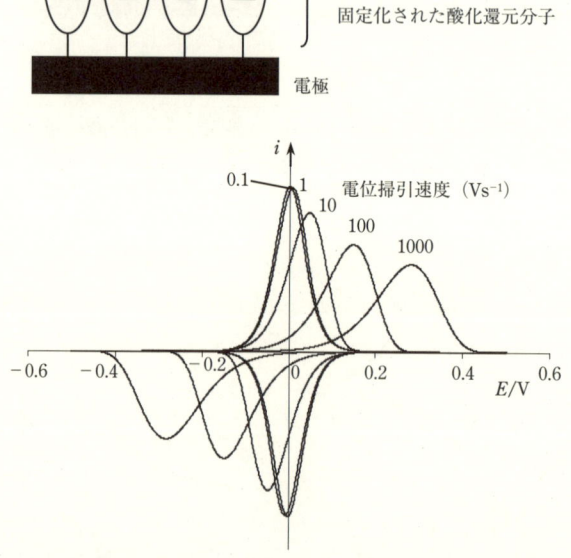

図2.3 マーカス理論に基づくボルタモグラムのシミュレーション電位掃引速度と,ピーク電位差(アノードピークとカソードピークとの差)との関係.

$$k_{ox} = k_0 \exp\left(\frac{\alpha_{ox} nF}{RT}(E - E^\circ)\right) \quad (2.3)$$

$$k_{red} = k_0 \exp\left(\frac{-\alpha_{red} nF}{RT}(E - E^\circ)\right) \quad (2.4)$$

ここで，E はピーク電位，E° は酸化還元電位，k_{ox} と k_{red} はそれぞれアノードとカソードのピーク電位における速度定数，k_0 は酸化還元電位における速度定数，n は反応電子数，α_{ox} と α_{red} は移動係数であり通常 $\alpha_{ox} = \alpha_{red} = 0.5$ となる．

以上のように，電極上に単分子層を形成することで，タンパク質の分子内電子移動速度や機構を知ることができる[7~9]．

2.3 分子間電子移動

2.3.1 分子間電子移動の機構を探る EQCM 法

EQCM（electrochemical quartz crystal microbalance）法は，電気化学測定と QCM 測定との同時測定である[10~14]．電気化学測定による電子移動の解析と電子移動の際のタンパク質の挙動を，測定・解析することができる．つまり，タンパク質の分子間電子移動の際の相互作用の速度を直接解析できる．通常の溶液中の二分子反応解析では反応種の濃度が駆動力となるため，微視的には平衡状態の移り変わりを測定しているにすぎない．一方 EQCM 測定では，電極電位により反応の駆動力を自在に制御できるため，平衡状態に達するまでの2分子の挙動を過渡的にはかることができる．

必要な装置は，ポテンシオスタットおよびそれと同期した周波数カウンター，水晶発振子，参照電極，対電極である．EQCM 測定では，水晶発振子の重量をセンシングする金表面が作用電極となり，電位掃引と同時に電流値と重さを測定する．EQCM 測定によって明らかとなる酸化還元分子の挙動について，例をあげて概説する．EQCM 法をタンパク質へ利用することは近年の新しい試みである．EQCM 測定で示される代表的な例は，①電極表面での単分子層の形成と修飾分子数，②酸化還元物質と電極界面との相互作用，③酸化還元タンパク質と固定化分子との分子間電子移動，の3項目である．

2.3.2 電極固定化分子の分子数をはかる

金電極表面で単分子層が形成されているかどうかについては，電気化学測定においてほぼ確かめることができる．電極に固定化した分子が酸化還元する場合は，サイクリックボルタモグラムと QCM で以下を確認すればよい．

1) 固定化分子では，電位掃引速度とピーク電流値とが比例関係となること
2) ピークの積分値(酸化または還元に利用した電子の総数)が，掃引速度によらず一定となること
3) 固定化前と固定化後との振動数変化から見積もった分子数と，サイクリックボルタモグラムピーク積分値が一致すること

酸化還元物質ではない単分子層の場合は，EQCMによる同時測定が有効である．金電極に単分子層を形成する場合，チオール化合物またはジスルフィド化合物と金原子との自己組織化反応を利用する．この反応は負の電極電位を与えると，逆向きの反応(金原子からの脱離)が進行する．図2.4は，脱離反応の際の電流値と重さの変化を同時に測定した例である．金表面と $HS-C_{10}H_{20}-COOH$ が反応し，$Au-S-C_{10}H_{20}-COOH$ が形成されている．サイクリックボルタモグラム(図2.4(a))で電位を-0.5 Vから-1.1 Vへと掃引する間，カソードピーク電流がみられる(-1.03 V)．このピークは還元による脱離反応である．このときのQCMの応答をみると(図2.4(b))，ピーク電位-1.0 V付近から急激に振動数が上昇しており，電極表面が軽くなっていることを示している．非特異的な吸着などがなければ，電流値の応答と同じタイミングで振動数の応答がみられる．サイクリックボルタモグラムで脱離反応ピーク面積から電子数がわかり，脱離した分子数が明らかになる．さらに，QCMの振動数変化からも脱離した分子の総重量がわかり，分子量から脱離した分子数が明らかになる．単分子層が形成されているならば，電流値と重さでほぼ同一の結果を与える．

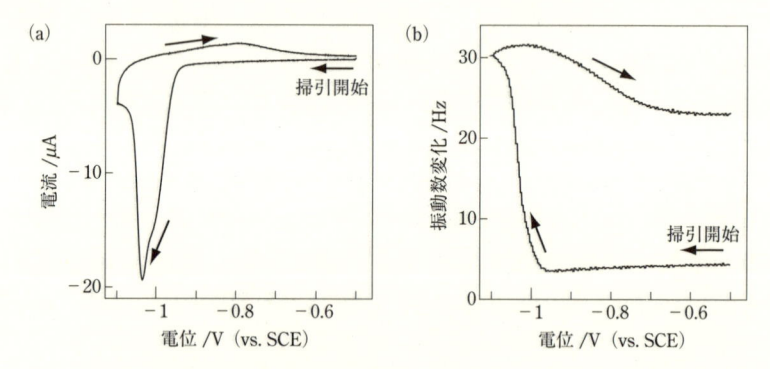

図2.4 $Au-S-C_{10}H_{20}-COOH$ の還元脱離反応．(a)サイクリックボルタモグラム，掃引速度50 mVs^{-1}，反応溶液0.5 mol(L-NaOH水溶液)$^{-1}$，(b)サイクリックボルタモグラムと同時測定したQCM応答．

2.3.3 酸化還元物質と電極界面との相互作用

高感度にEQCM測定を行うことにより，振動数変化から酸化還元分子の電極界面

での相互作用を測定することができる．図 2.5 には，メチルビオローゲンの一電子酸化還元反応の EQCM 測定結果を示す．水晶振動子の金表面は，未修飾表面とシスタミン修飾表面 ($Au-SCH_2CH_2NH_3^+$) との 2 種類で比較を行った．サイクリックボルタモグラム (図 2.5(a)) を比較すると，どちらも同一であった．酸化還元分子の挙動として電気化学的には相違がないことを示している．同時測定した QCM の応答をみると (図 2.5(b))，挙動が異なっていることがわかる．点線の未修飾表面に対しては，ビオローゲンの還元に伴い電極表面上で濃縮され (カソード曲線)，アノード反応で開始状態に戻る通常の応答を示している．しかしシスタミン表面では，金表面の正電荷に反発する応答がみられる．カソード掃引開始後，-0.7 V 付近でメチルビオローゲンが電極表面から反発していることがわかる．電気化学測定では同一である反応でも，QCM 測定を行うことで分子の詳細な挙動を知ることができる．

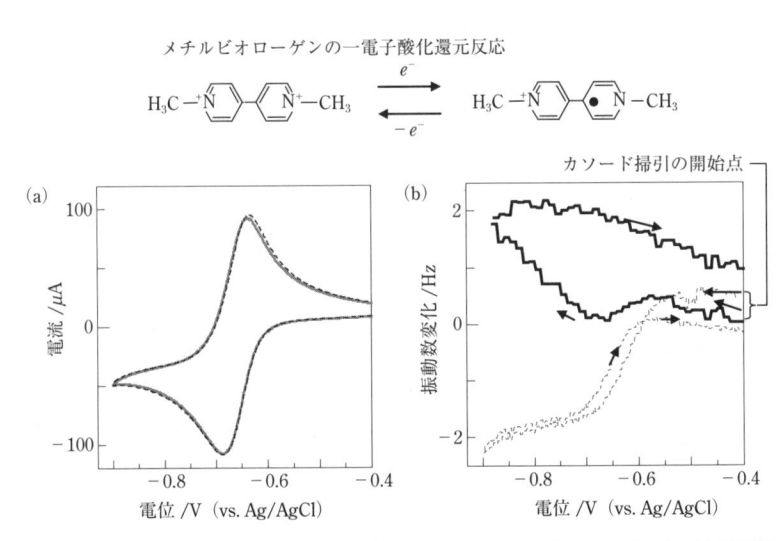

図 2.5 メチルビオローゲンの EQCM 測定．(a) サイクリックボルタモグラム．反応溶液 100 mM トリス塩酸緩衝液 (pH 7.4)，掃引速度 50 mVs^{-1}．(b) サイクリックボルタモグラムと同時に測定した QCM 応答．実線：シスタミン修飾電極で測定した場合 ($Au-SC_2H_4NH_3^+$)，点線：表面未修飾の金電極で測定した場合．

2.3.4 酸化還元タンパク質と固定化分子との分子間電子移動

タンパク質の分子間電子移動は，①2 分子の静電的複合体の形成→②電子移動複合体への変換→③電子移動，の順に進行する．タンパク質の分子間電子移動反応では，②電子移動複合体への変換が律速段階であり，最も重要な反応機構である．静電的複合体を測定するため手法はいくつも存在するが，電子移動複合体への変換を測定する

ことは困難であった．通常の複合形成は平衡状態の推移であるため，溶液中の反応種濃度を制御すれば容易に測定可能である．一方，電子移動複合体への変換は平衡状態になるまでの分子の挙動であるため，反応の駆動力を制御し分子間相互作用を測定しなくてはならない．この点において EQCM 法は最適であり，タンパク質の分子間電子移動を測定する新しい手法である[15]．

EQCM 測定をタンパク質に応用すると，酸化還元タンパク質の詳細な機能が明らかになる．シトクロム c_3(ヘムを 4 個含む酸化還元タンパク質)の電子移動に関して，EQCM 測定で調べた例を示す．まずビオローゲン固定化電極を調製し，その上にシトクロム c_3 を静電的に結合させた．サイクリックボルタモグラムの結果を図 2.6 に示す．点線はビオローゲン固定化電極，実線はシトクロム c_3 を静電的に結合させた場合である．固定化されたビオローゲンの分子数は 1.3×10^{-11} mol cm^{-2}，一方，静電的に結合させたシトクロム c_3 の分子数は 7.5×10^{-13} mol cm^{-2} である．点線のサイクリックボルタモグラムのピーク間電位差とピークの半値幅から，ビオローゲンは典型的な単分子層として挙動していることがわかる．次に，シトクロム c_3 を静電的に結合させた場合では，電極に直接結合したビオローゲンとシトクロム c_3 との電子授受が行われる．したがってサイクリックボルタモグラムでは，ビオローゲンの酸化還元ピーク電流の増加から，シトクロム c_3 への電子移動を知ることができる．図 2.6(a) の実線を見ると，点線よりも電流値が増加していることがわかる．このことから，静電的に結合したシトクロム c_3 が酸化還元しており，またボルタモグラムの形状から，7.5×10^{-13} mol cm^{-2} のシトクロム c_3 が単分子層として存在していることがわかる．すなわち，電極上のビオローゲン単分子層の上部にシトクロム c_3 単分子層が形成さ

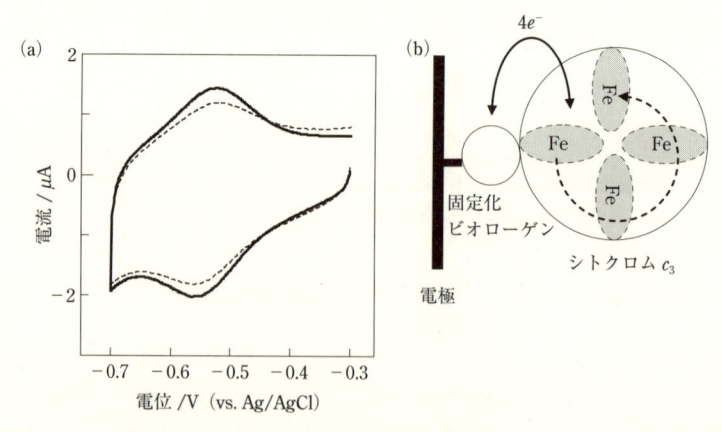

図 2.6 (a) サイクリックボルタモグラム．点線：ビオローゲン単分子層，実線：静電的に結合したシトクロム c_3．(b) 静電的に結合したシトクロム c_3 の模式図．

れている.さらに,実線のボルタモグラムのピーク面積と点線のピーク面積の差から実際に移動した電子数を算出すると,シトクロム c_3 1 分子あたり 4 電子の授受を行うことがわかった(図 2.6(b)).

この電極を用いて,ビオローゲンの酸化還元を制御し,そのときのシトクロム c_3 との電子移動複合体の形成を直接 EQCM で測定できる.図 2.7 に EQCM 測定の結果を示す.電極電位を変化させ,瞬間的にビオローゲンの還元・酸化を行った.ビオローゲンを還元した場合(-0.6 V への変化),振動数が瞬間的に小さくなり一定値となった.これは,ビオローゲンとシトクロム c_3 は瞬時に電子移動複合体を形成し,電子移動が進行したことを示している.次に -0.3 V へ変化させると,ビオローゲンは瞬時に酸化されるが,振動数変化はいったん大きくなってから徐々に一定値に近づいている.ビオローゲンが酸化されたのち,酸化型ビオローゲンと還元型シトクロム c_3 との電子移動複合体が徐々に形成されている様子がみられる.したがって,還元型シトクロム c_3 は速やかに電子供与を行わず,100 ミリ秒程度,電子を貯蔵してから電子移動を行うことがわかる.これを電子プール機構とよぶ.電子プールは,電子移動の扉が閉じている間,複数の電子を保持し続ける機構である.電気回路にたとえると,ダイオードのような整流回路の役割と似ている.この働きにより,タンパク質間の電子移動の流れを保持していると予想される.

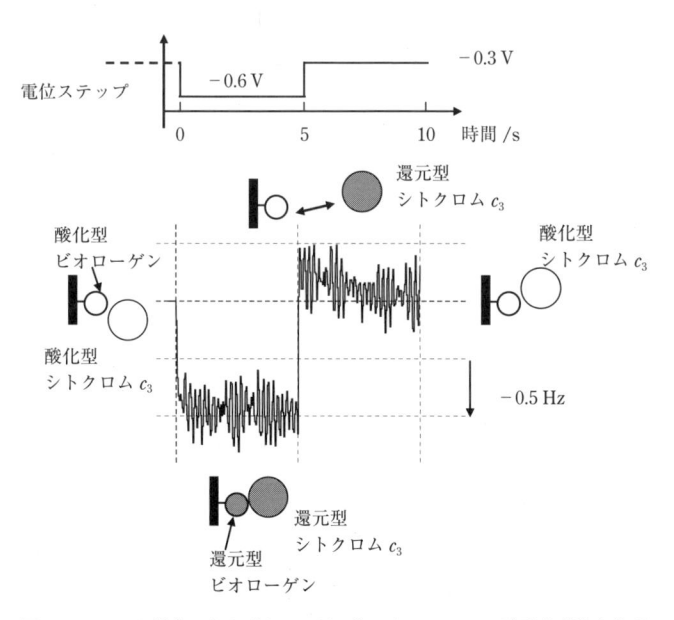

図 2.7 EQCM 測定によるビオローゲンとシトクロム c_3 の電子移動複合体形成反応の解析.

以上のように，EQCM 測定の応用で生体分子の挙動を詳細に知ることができる．

2.4 おわりに

タンパク質の電子移動をはかるためには，おもに電気化学測定を基本とする複合的な方法を必要とする．しかしながら，タンパク質の測定に際して，従来からある測定手法をそのまま利用することはほとんどできないため，手法を改良しタンパク質をはかるために工夫しなければならない．とくに電極反応では，電極界面とタンパク質との電子の授受を考えることが第一歩である．通常，タンパク質は金などの金属表面と直接電子授受しない．また非特異的に電極表面に吸着し，タンパク質本来の機能を失ってしまう．したがって，電極表面を水溶液中でイオン化する低分子などで修飾することが必要である．またタンパク質を電極表面に固定化する際には，電極とタンパク質との距離を長くとも 1 nm 以内にし，かつ固定化されたタンパク質の動きを妨げないように，修飾分子数を制限しなければならない．

タンパク質の電子移動をはかることは，留意点が多いもののこれまでの事例が少ないので，非常に有意義である．ここで紹介した EQCM 法のように，電子移動するときのタンパク質の動きを実時間ではかる方法を含め，多くの手法がタンパク質の測定に応用可能である．今後，測定法のさらなる創意工夫により，生体エネルギー生産の根幹を担うタンパク質電子移動が明らかになるだろう．

引用文献

1) 藤島昭，相澤益男，井上徹，電気化学測定法，上・下，技報堂(1985)
2) R.A. Marcus, *J. Chem. Phys.*, **24**, 966-978(1956)
3) R.A. Marcus, *J. Chem. Phys.*, **43**, 679-701(1965)
4) R.A. Marcus, S. Norman, *Biochem. Biophys. Acta*, **811**, 265-322(1985)
5) K. Weber, S.E. Creager, *Anal. Chem.*, **66**, 3164-3172(1994)
6) L. Tender, M.T. Carter, R.W. Murray, *Anal. Chem.*, **66**, 3173-3181(1994)
7) A. Avila, B.W. Gregory, K. Niki, T.M. Cotton, *J. Phys. Chem. B*, **104**, 2759-2766(2000)
8) D.M. Murgida, P. Hidebrant, *J. Phys. Chem. B*, **105**, 1578-1586(2001)
9) L.J. Jeuken, P. van Vliet, M. Ph. Verbeet, R. Camba, J.P. McEvoy, F.A. Armstrong, G.W. Canters, *J. Am. Chem. Soc.*, **122**, 12186-12194(2000)
10) D.A. Buttry, D.M. Ward, *Chem. Rev.*, **92**, 1355-1379(1992)
11) S. Bruckenstein, M. Shay, *Electrochim. Acta*, **30**, 1295(1985)
12) J.J. Donohue, D.A. Buttry, *Langmuir*, **5**, 671-678(1989)
13) L.L. Nordyke, D.A. Buttry, *Langmuir*, **7**, 380-388(1991)
14) R.A. Etchenique, E.J. Calvo, *Anal. Chem.*, **69**, 4833(1997)
15) N. Asakura, T. Kamachi, I. Okura, *J. Biol. Inorg. Chem.*, **9**, 1007-1016(2004)

3 抗体でタンパク質をはかる

3.1 はじめに

 タンパク質は,生体内できわめて高度かつ多彩な機能を発現する分子である.その中でも触媒機能を有する酵素と並び,代表的なタンパク質の1つが抗体である.抗体は,抗原刺激による免疫反応の結果,生体内に誘導される体液性免疫の主役を担うタンパク質であり,B細胞が分化成熟した形質細胞により産生される.抗原とそれに対応する抗体が結合する反応はきわめて特異性が高く,高度な分子認識機能を有している.また,低濃度でも反応し,その結果生じる抗原-抗体複合体は安定で,温和な条件下では容易には解離しない.この抗原抗体反応をなんらかの方法で定量的に追跡することができれば,抗原や抗体を測定することが可能となる.これによりきわめて微量の抗原や抗体を測定できるばかりでなく,たとえば血液,尿や土壌,海水など,数多くの共存物質が混在する試料であっても,目的の抗原を単離することなく測定することができる.すなわち抗体を利用することにより,高感度かつ選択的に微量物質を定量できる測定系の構築が可能である.
 ここでは,抗体あるいは抗体結合タンパク質を基本とし,遺伝子工学的に創出した人工タンパク質を高感度測定系に応用した筆者らの研究を紹介する.

3.2 融合タンパク質による酵素免疫測定

 臨床分野や基礎生化学分野における微量物質の定量分析法として,確固たる地位を確立している酵素免疫測定[1]は,2つの重要な生物化学現象を利用することにより成立する.1つは上述した抗体のすぐれた分子認識能である.つまり脊椎動物の免疫システムは,数限りなく存在する外来物質それぞれに対して,特異的かつ強固な親和性

をもつタンパク質である抗体を作ることができるので,これを利用することができる.もう1つは酵素の化学増幅能である.酵素は非常に強い触媒能力と特異性をもつため,ある種の酵素は微量でもきわめて高感度に検出することができる.したがって,あらかじめ抗体あるいは抗原に標識した酵素を利用して抗原抗体反応を検出することにより,極微量の特定分子を定量分析することが可能となる.

酵素免疫測定法はさまざまな手法が開発されているが,固相を利用するいわゆるELISA(enzyme linked immunosorbent assay)における代表的な方法としては,競合法と非競合法(サンドイッチ法)に大別できる(図3.1).いずれの方法においても,酵素と抗体,あるいは酵素と抗原を結合した複合体が必要となる.従来,酵素と抗体(または抗原)の結合は,両者を架橋反応により化学的に結合することにより行われてきた.しかし化学結合では,タンパク質中に数多く存在するアミノ基やカルボキシル基,チオール基などを利用して架橋反応により修飾を施すため,両分子の結合比や結合部位を制御することが困難である.その結果,タンパク質の活性部位近傍が修飾を受け酵素の活性や抗体の分子認識能が低下すること,不均一な複合体が形成されることなどが危惧される.

このような化学結合における問題点を解決するために,筆者らは遺伝子工学的手法により酵素-抗体結合タンパク質複合体を作製した[2].酵素として,ホタルの発光反

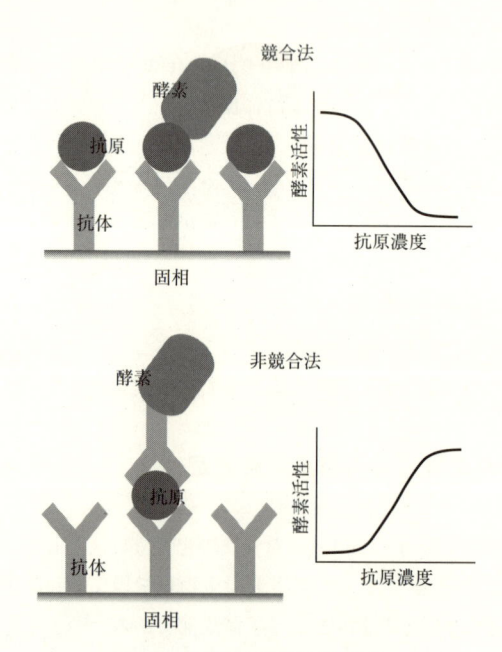

図3.1 代表的な酵素免疫測定法.

3.2 融合タンパク質による酵素免疫測定

応を触媒するルシフェラーゼを利用した．発光反応はフォトン計測によりきわめて高感度に検出できるため，ルシフェラーゼは超高感度測定の標識酵素として期待されているが，比較的不安定な酵素であり，特に化学修飾により活性が大幅に低下してしまうという欠点がある．一方の抗体結合タンパク質としては，黄色ブドウ球菌由来のプロテインAを利用した．プロテインAは抗体分子のFc部位と特異的に結合するため，抗原抗体反応を阻害することなく抗体分子を修飾できる．この性質を生かして，古くから各種免疫測定系に利用されているタンパク質である．したがって，これらを組み合わせたプロテインA−ルシフェラーゼ融合タンパク質は，超高感度免疫測定試薬としての利用が期待できる(図3.2)．

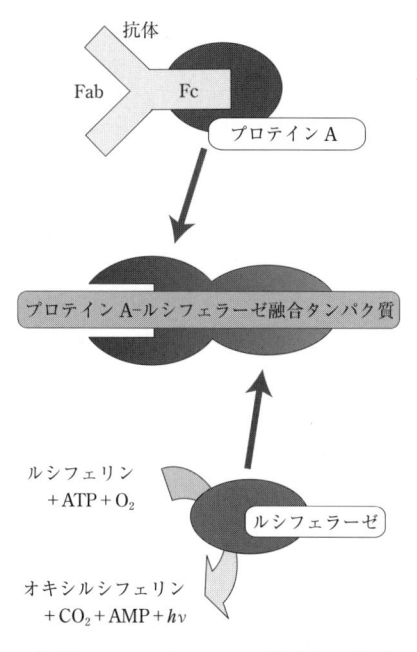

プロテインA−ルシフェラーゼ融合タンパク質は，対応する遺伝子を連結した発現プラスミドを作製し，大腸菌内で発現させた．得られたタンパク質は，プロテインAの抗体結合能とルシフェラーゼの触媒活性を有する新たな多機能タンパク質であることが示された．プロテインAはさまざまな抗体分子と結合できるため，抗原−抗体系の選択によりあらゆる抗原の測定に適用できると考えられる．そこでこのタンパク質を用いて，サンドイッチ法によりヒトIgGの測定を行った．まず，ポリスチレン製の固相表面に抗ヒトIgG抗体のFabフラグメントを物理吸着により固定化し，BSA

図3.2 プロテインA−ルシフェラーゼ融合タンパク質の作製．

(ウシ血清アルブミン)によりブロッキングを行ったのち，種々の濃度のヒト IgG を反応，さらに抗ヒト IgG 抗体を反応させた．最後にプロテイン A-ルシフェラーゼ融合タンパク質を反応させ洗浄後，固相に残ったルシフェラーゼ活性を測定した(図3.3)．その結果，抗原として用いたヒト IgG を高感度に定量分析できることが明らかとなった[2]．また同様の融合タンパク質を用いて，代表的な腫瘍マーカーとして知られているαフェトプロテイン(AFP)を，ドットブロットにより高感度に検出することが可能であった[3]．以上，プロテイン A-ルシフェラーゼ融合タンパク質は，酵素免疫測定における試薬として十分な性能を有していることが明らかとなった．

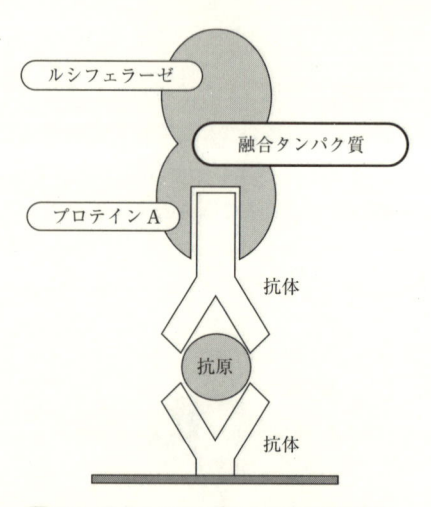

図 3.3 融合タンパク質による酵素免疫測定．

またルシフェラーゼは，ルシフェリンのほか ATP(アデノシン 5'-三リン酸)を発光反応の基質とするため，ATP の超高感度測定系にも利用されている．生細胞がエネルギーとして利用する ATP 量は細胞数に比例するため，食品中や環境中に含まれる菌体の検出に利用されている．また ATP は，動物細胞の情報伝達物質としても知られている．そこで筆者らは，プロテイン A-ルシフェラーゼ融合タンパク質を動物細胞膜表面に存在するタンパク質に対する抗体を介して固定化した．その結果，動物細胞を薬剤により刺激したときに放出される微量 ATP を測定できることが示され，細胞研究の技法としても有用であることが明示された (図 3.4)[4]．

先にも述べたように，ルシフェラーゼの標識酵素としての欠点の1つは，この酵素が比較的不安定で失活しやすいことである．特に細胞研究系への適用を考えた場合，細胞培養温度である 37℃ で使用される場合が多く，この温度でも長期間にわたり安定に機能する酵素の開発が望まれる．そこで筆者らは，プロテイン A-ルシフェラー

ゼ融合タンパク質の安定性向上を目的として，ルシフェラーゼ部位に点変異（point mutation）を導入した変異体を作製した[5]．この変異体は，ルシフェラーゼ活性の熱安定性，とくに37℃における安定性が飛躍的に向上し，各種測定系において有用であることが示された[6]．

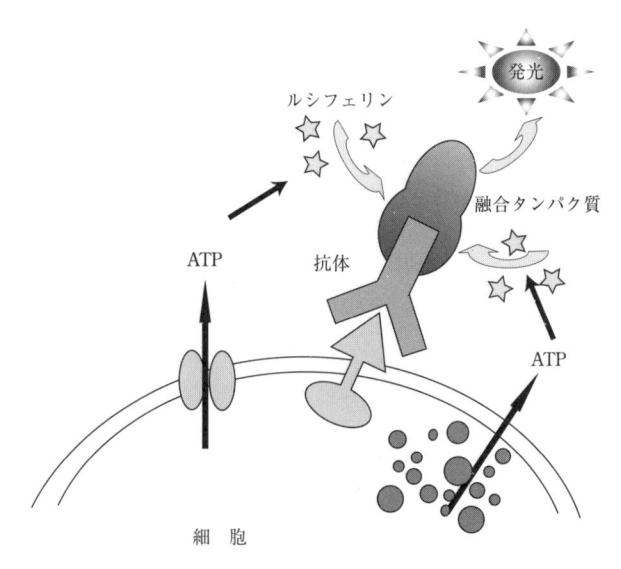

図3.4 融合タンパク質による細胞研究．

3.3 抗体分子の配向集積

前節で示した酵素免疫測定をはじめ，抗体を利用する測定系を高感度化するために重要なポイントの1つは，固定化する抗体の配向性を制御することである．すなわち，基板上に固定化された抗体が対象とする物質を効率よく認識するためには，抗原認識部位を基板の外側に向けて集積する必要がある．抗体の固定化には，化学結合法や物理吸着法など今までに多くの手法が開発されているが，ここでも前節で示したプロテインAなど抗体結合タンパク質のバイオアフィニティーを利用する方法は有効である．抗体結合タンパク質を配向制御して集積できれば，このタンパク質は抗体のFc部位と特異的に結合するため，抗体分子も分子認識部位の配向を制御して集積できることになる（図3.5）．問題は，いかにして抗体結合タンパク質を基板上に配向集積するかである．抗体を集積する基板材料も，目的や用途に応じてさまざまなものが考案されているので，基板の材質に応じて抗体結合タンパク質を配向集積しやすいように

改良する必要がある．抗体集積基板として，ここでは通常の酵素免疫測定で多用されるプラスチックプレート表面，チップ化，アレイ化において多用されるガラスプレート表面，電極材料として利用される金表面の3種類の場合について述べる．

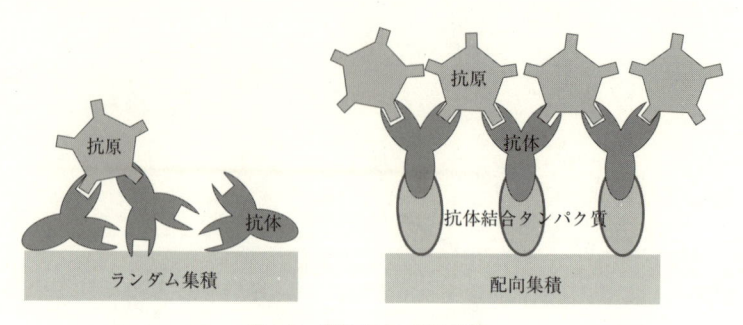

図3.5 抗体分子の配向集積．

3.3.1 プラスチックプレートへの抗体結合タンパク質の集積

固相上に抗体を固定化して利用するELISAにおいても，前述のように，抗体分子をいかにして配向集積するかが測定の高感度化の要点である．固相としては，さまざまなものが各メーカーより市販されているが，多くの場合ポリスチレンプレートが利用される．固相への抗体の固定化は，疎水的なプレート表面への非特異的物理吸着により行うのが一般的である．この方法では，抗体の溶液を調製しプレートのウェルの中に静置したのち，結合しなかった抗体を洗い流すだけなので，非常に簡便ではあるが抗体の配向を制御することが困難である．抗体結合タンパク質を用いる場合でも同様である．そこで筆者らは，疎水性タンパク質部位を抗体結合タンパク質と連結した新しい人工タンパク質を設計した(図3.6)[7]．導入された疎水性部分が，疎水的な固相表面に対して疎水性相互作用により優先的に集積し，比較的親水的な機能部位は基板表面の外側を向けて表示されるため，固体基板上において抗体結合機能を保持することが期待できる．疎水性タンパク質部位として，ほ乳類の動脈や腱，皮膚などの伸展性に富んだ組織に存在するエラスチンという構造タンパク質に着目した．ヒトエラスチン中には，(Ala-Pro-Gly-Val-Gly-Val)$_n$で表される疎水性に富んだアミノ酸から構成されるヘキサペプチドの繰り返し構造が存在し，βスパイラル構造という非常に頑丈で特異な二次構造を形成することが知られている[8]．このAPGVGVが12回繰り返した配列であるE12をコードする遺伝子と，プロテインAのBドメインが2回繰り返したB2をコードする遺伝子を連結して，E12B2をコードする遺伝子を構築した．さらにこの遺伝子を縦列に4回連結し，対応するタンパク質EB4の遺伝子発

3.3 抗体分子の配向集積

【疎水性ユニット】

(APGVGV)₁₂
【E】

【分子認識ユニット】

(B ドメイン)₂
【B】

EB4

$-[(APGVGV)_{12}-(B ドメイン)_2]_4-$

↓ 疎水性固相表面への集積

↓ 抗体の配向集積

バイオセンサー
イムノアッセイ
プロテインチップ
クロマトグラフィー

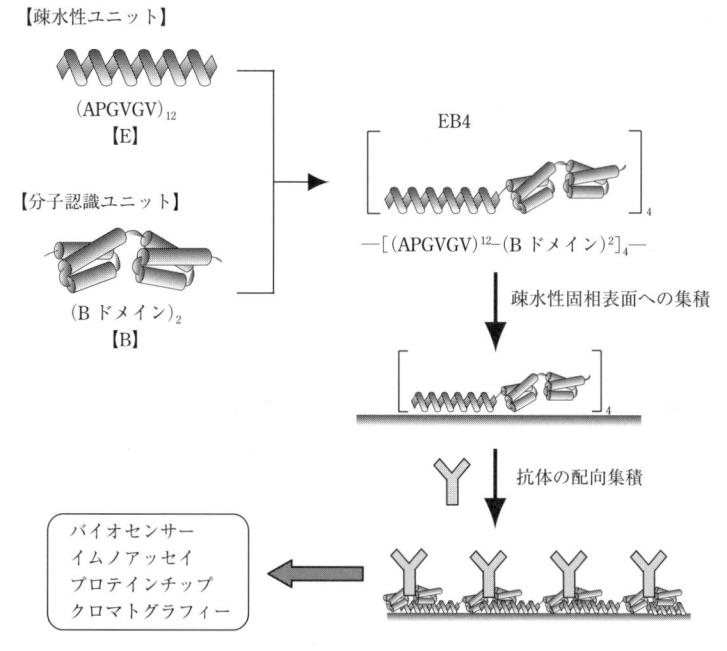

図 3.6 EB4 の設計と固相への集積.

現ベクターを構築した.

　この発現ベクターにより大腸菌を形質転換し，遺伝子発現誘導により大腸菌内で合成される EB4 を単離・精製した．得られたタンパク質 EB4 を疎水性基板（高配向性グラファイト，HOPG）に集積し，原子間力顕微鏡（AFM，6 章参照）により観察したところ，低濃度においても，分子間相互作用しながら基板表面全面を覆いつくすように効率よく集積していることがわかった．一方親水性基板（マイカ）表面には，高濃度の EB4 を使用した場合でもほとんど集積されなかった．そこで，疎水性ポリスチレン製の ELISA 用 96 ウェルポリスチレンプレートに EB4 をコーティングしたあと抗体を集積したウェルと，表面に直接抗体を集積したウェルとで，抗体集積効率を酵素免疫測定により比較した．その結果，EB4 をコーティングしたウェルのほうが，直接抗体を集積したウェルに比べ，集積される抗体の抗原結合能が高く保持されており，より高感度な測定が可能であることが示された．

　以上のように，疎水性相互作用を利用する簡便な抗体の配向集積は，バイオセンシングのみならずプロテインチップ，アフィニティークロマトグラフィーなど，多方面への応用が期待できる．

3.3.2 ガラスプレートへの抗体結合タンパク質の集積

抗体アレイへの展開を念頭におき，微小表面においても効率よく集積できるタンパク質を設計した．ここでは疎水性 EB4(3.3.1 項)よりもさらに疎水性を高めるため，GVGVP が 72 回繰り返した配列の自己組織化部位と，プロテイン A よりも多くのクラスの IgG に結合するプロテイン G の抗体結合ドメインとを利用して，新たな疎水性抗体結合タンパク質 E72G3 を設計・構築した[9]．このタンパク質は，大きな疎水性部位の導入にもかかわらず，疎水性部位をもたない G3 と同程度の抗体結合能を保持していることが明らかとなった．

集積基板としては，ガラス表面を疎水性ポリマーでアレイ状にパターン化したガラスプレートを用いた．ガラスプレートの利用により，DNA アレイなどの解析に利用されるスキャナーによるハイスループット(high through put)な解析が可能となる．この基板上に E72G3 および疎水部分をもたない G3 を集積し，基板上での抗体結合能を，蛍光標識した IgG の結合量により評価した．その結果，E72G3 は G3 に比べ大幅な抗体結合能の向上が認められた(図 3.7)．そこで，抗体アレイのモデルとして，2 種類の抗体をパターン化したガラス基板上に集積した E72G3 を介して固定化し，2 種類の抗原分子の同時検出を試みた．モデル抗原として，ヤギ IgG とトリ IgG をそれぞれ異なる蛍光分子で標識して，抗体を固定化した基板上に添加したところ，それぞれの抗原をアレイスキャナーで検出することができ，簡便な抗体アレイの作製へと応用できる可能性が示された．

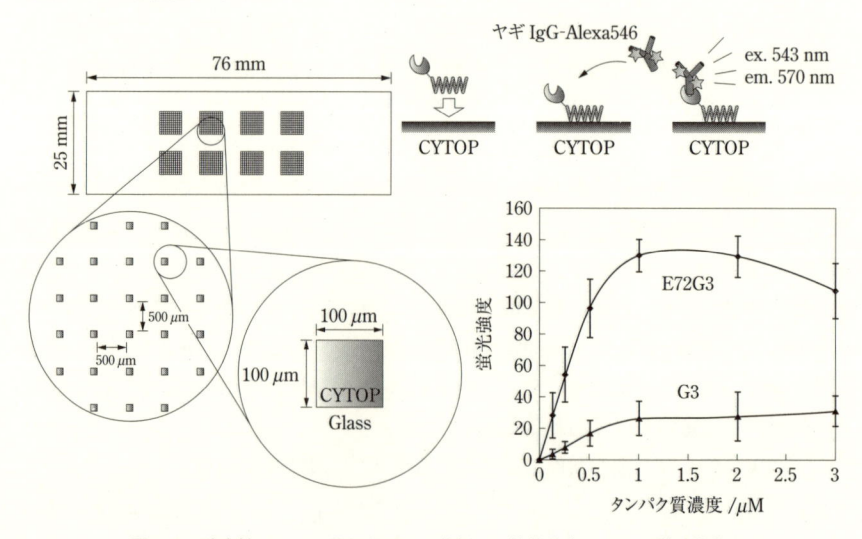

図 3.7　疎水性パターン化したガラス基板への抗体結合タンパク質の集積．

3.3.3 金表面への抗体結合タンパク質の集積

　チオール基は金ときわめて強い相互作用をし，メルカプチド結合を形成することが知られている．タンパク質を構成するアミノ酸では，システイン残基がチオール基を有しているため，原理的にはこれを利用して金表面にタンパク質を固定化できる．しかし，システイン残基どうしはタンパク質分子内あるいは分子間でジスルフィド結合を形成し，タンパク質の立体構造の形成・保持に重要な役割を果たしている場合が多い．このため，タンパク質分子表面にフリーで存在するシステイン残基は少なく，金表面へのタンパク質固定化には利用するのがむずかしい．しかし，タンパク質分子表面の適切な位置にフリーのシステイン残基が露出するように設計して新たに導入すれば，この問題を解決できる．筆者らは，抗体結合タンパク質をコードする遺伝子の3'末端にシステイン残基をコードする遺伝子配列を連結し，遺伝子発現によりC末端にシステイン残基が導入されたタンパク質を作製した[10]．抗体結合タンパク質としては，プロテインAの抗体結合ドメインの1つであるBドメインを5個縦列に連結したB5を用い，したがってシステインを導入したタンパク質をB5C1と命名した（図3.8）．

　大腸菌内で発現し，アフィニティー精製して得られたB5C1は，プロテインAと同等の抗体結合活性を保持していることが明らかとなった．そこで，B5C1およびシステインを含まないB5をそれぞれ金表面に集積し，その集積量および有効に機能しているタンパク質，すなわち基板上での抗体結合能を比較した．その結果，B5C1はB5に比べて約1.7倍の集積量が認められた．B5C1は，B5同様多くのタンパク質が非特異的物理吸着により金表面に集積されてはいるものの，システイン残基による特異的

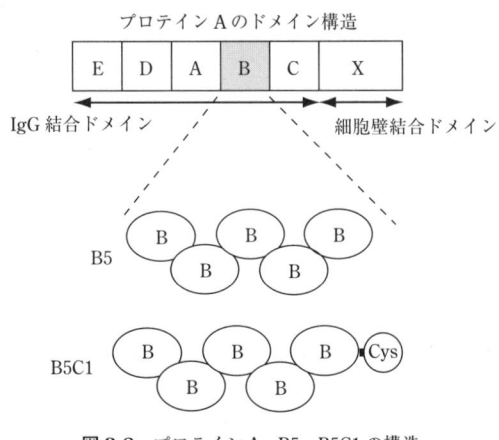

図 3.8　プロテインA，B5，B5C1の構造．

結合も存在するため,集積量が上昇したものと考えられる.また,それぞれのタンパク質を集積した基板表面への抗体の集積量を両者で比較したところ,B5C1はB5に対して約2.5倍の抗体が集積されており,単に金基板表面のタンパク質集積量による違い(1.7倍)よりもさらに大きな違いがみられた.これは,B5C1のC末端に導入したシステイン残基を介して金表面に結合している抗体結合タンパク質は,配向が制御されているため有効に抗体タンパク質を結合できることを表している.さらにB5C1を介して集積された抗体は,抗原を効率よく捕捉できることが明らかになった.

以上のように,金表面への抗体の配向集積は,抗体結合タンパク質の簡単な改良により実現できることが示された.金基板は電極として広く利用されているため,本法によるタンパク質集積は,電気化学的バイオセンサー構築のための有用な要素技術となることが期待される.

3.4 おわりに

天然に存在するタンパク質は,生物が40億年という長い年月をかけて進化する過程で獲得してきたきわめて高性能な分子である.現在人類は,通常生体内で機能発現しているタンパク質を,生体外でさまざまな材料として利用できるようになった.さらには,目的や用途に応じて天然タンパク質に改良・改造を施すことにより,より有用な分子を創出することが可能である.ここで示したように,抗体タンパク質のすぐれた分子認識能を利用することによる微量物質の高感度計測も,その一例である.残念ながら現在の知識と技術では,望みの機能をもつタンパク質を自在に設計・合成することは困難である.しかしタンパク質の構造と機能に関する研究が急速に進展しており,目的に応じてさまざまな機能を備えた有用なタンパク質材料を,自在に設計・合成できる日が近い将来に訪れることを期待する.

引用文献

1) P. Tijssen(石川栄治監訳),エンザイムイムノアッセイ(生化学実験法11),東京化学同人(1989)
2) E. Kobatake, T. Iwai, Y. Ikariyama, M. Aizawa, *Anal. Biochem.*, **208**, 300-305(1993)
3) X. Zhang, E. Kobatake, K. Kobayashi, Y. Yanagida, M. Aizawa, *Anal. Biochem.*, **282**, 65-69(2000)
4) R. Beigi, E. Kobatake, M. Aizawa, G.R. Dubyak, *Am. J. Physiol.*, **276**, C267-C278(1999)
5) T. Ebihara, H. Takayama, Y. Yanagida, E. Kobatake, M. Aizawa, *Biotechnol. Lett.*, **24**, 147-149(2002)
6) M. Nakamura, M. Mie, H. Funabashi, K. Yamamoto, J. Ando, E. Kobatake, *Anal. Biochem.*, **352**, 61-67(2006)

7) T. Sugihara, G.H. Seong, E. Kobatake, M. Aizawa, *Bioconjugate Chem.*, **11**(6), 789-794 (2000)
8) D.W. Urry, W.D. Cunningham, T. Ohnishi, *Biochemistry*, **13**, 609-616(1974)
9) G. Tanaka, H. Funabashi, M. Mie, E. Kobatake, *Anal. Biochem.*, **350**(2), 298-303(2006)
10) S. Kanno, Y. Yanagida, T. Haruyama, E. Kobatake, M. Aizawa, *J. Biotechnol.*, **76**, 207-214 (2000)

4 レクチンタンパク質をはかる

4.1 はじめに

　レクチン[1]は糖鎖を特異的に認識するタンパク質であるが，おもに機能の違いなどから，同様に糖質を認識できる抗体や酵素とは区別される．ここでは，レクチンと糖鎖の認識を迅速・簡便にはかる方法について述べる．どういう目的ではかるのかを説明する前に，まずレクチンの生体内での機能から話を始めるべきだろう．

　レクチンの機能は，これが認識する糖鎖の機能[2,3]としてもとらえることができる．世の中にあるタンパク質の実に9割には糖鎖が結合しているといわれており，糖タンパク質とよばれている．また，ほとんどのほ乳類細胞の表面上には，糖脂質あるいは膜糖タンパク質として糖鎖が提示されている．これらの糖鎖の構造は非常に多様かつ不均一であるため，その機能の解明は難航をきわめてきている．しかしこの30年の間に，多くの糖鎖の機能が明らかになりつつある．これら糖鎖の機能のうち多くのものは，レクチンとの特異的結合が関与している．レクチンの生体機能の一例として，白血球レクチンが血管内皮細胞上の糖鎖を認識することによる炎症反応誘起，肝臓レクチンによる糖タンパク質ホルモンの血中濃度調節，細胞内レクチンによるタンパク質折りたたみの品質管理，細胞内レクチンによるリソソーム酵素のリソソームへの輸送，血中遊離レクチンとマクロファージレクチンによる病原菌殺傷，善玉・悪玉菌レクチンによる血液型抗原依存の感染，インフルエンザウイルスレクチンによる感染，などがあげられる．詳しくは他の成書[2,3]を参照してほしい．レクチンの何をはかりたいかは，レクチンを使う人の活用内容あるいは研究内容に依存して大きく異なってくることはいうまでもない．これらをすべて網羅することは本書の目的とは異なっており，網羅的な測定法などについては他の成書[4]を参照してほしい．本章では，筆者の研究現場において必要とされているレクチン測定法に絞って解説を行いたい．

筆者は有機合成化学者であり，以上に述べたレクチン-糖鎖相互作用を阻害する実用的な糖鎖リガンドを合成することが，研究のおもな目的となっている．タンパク質の扱いなどは素人であるが，合成した糖鎖リガンドは，感染，炎症やがん転移などを阻害できるかもしれないし，感染などの診断を可能にするかもしれない．したがって，糖鎖合成化学のフロンティアにおいては，素人でも簡単・迅速にレクチン-糖鎖相互作用の強さを測定できる方法が強く求められている．その際，特殊な装置は当然使いたくない．ここでは，そういった要求に応えるレクチン-糖鎖結合評価法のうち，おもに筆者が実際に使用してきた方法を中心に解説を行う．

　多種類の測定法があるが，高価な特殊装置は使わないという前提で，かなりの方法が選択から外れる．ここでいう特殊装置とは，表面プラズモン共鳴測定装置[5,6]，マイクロカロリメーター[5,7]，核磁気共鳴装置[8]，蛍光相関分光計[9]，マイクロアレイ装置一式[10]などである．これらはそれぞれに特長をもち，これらの装置を用いてしか得られない情報もあるし，将来糖鎖チップの基盤技術となり研究室に常設されるかもしれないものもあるが，専門外の研究者がすぐに入手し使用できるものではない．これらの装置は副次的なものと考え，機会があったら所有者に使わせてもらうというスタンスが望ましい．逆に，簡単な実験であっても，実験的工夫によりより多くの情報が得られる可能性がある．ここで紹介する測定法の中では，マイクロプレートリーダー，蛍光偏光測定装置，分光光度計だけが使用されている．これらは比較的安価なうえ，汎用性が高くいろいろな実験に使用できるので，合成の研究室にも備えておきたい測定装置である．

　使える装置を限定すれば，あとはどのレクチンを使いたいか，糖鎖リガンドの量と構造，どんな情報を得たいかなどを総合して，測定法を絞ることになる．おおまかには，糖鎖リガンドとレクチンの両方を溶液で用いて測定する方法と，どちらか一方をなんらかの担持体に固定化する方法の2つの方法が考えられる．より厳密な測定には溶液法が向いていると思われるので，理論的背景も含めまず溶液法について解説する．

4.2　溶液法によるレクチン-糖鎖結合の評価

　レクチン(L)と糖鎖(S)が結合してレクチン-糖鎖複合体(LS)が形成される平衡式(4.1)は，以下のように表され，

$$L + S \rightleftharpoons LS \tag{4.1}$$

その結合の度合いを示す解離定数(K_d)は，式(4.2)となる．

$$K_d = \frac{[L][S]}{[LS]} \tag{4.2}$$

ここで，[L]，[S]，[LS]はそれぞれL, S, LSの濃度を表す．糖鎖リガンド開発者にとっては，まずK_d値のより小さいものをめざすこととなる．K_d値の決定において，[LS]をどのように測定するのかによっていくつかの方法が考えられる．単純に考えると，LSをクロマトグラフィーなどにより単離してその量を測定すればよさそうにも思われる．確かに，抗原−抗体結合やビオチン−アビジン結合などは非常に強いので，複合体をクロマトグラフィーなどで分離して測定する方法[5]もありうる．しかし，LS結合は一般に弱く，クロマトグラフィーの最中にどんどん解離してしまうので，この方法を用いることができない．そこで，レクチンと糖鎖リガンドの結合の平衡反応を乱すことなく，[LS]を測定する方法が必要となる．

4.2.1 平衡透析膜法[5]

透析膜を使って容器を2室に仕切り，レクチン(L)と糖鎖リガンド(S)を1室に加えると，LS複合体形成が始まり，系はやがて平衡に達する(図4.1)．この際LとLSはサイズが大きいため1室に閉じ込められるが，Sは分子量が小さく，2室を自由に行き来できる．そのため，Lを含まない側から溶液を採取することにより，遊離の糖鎖リガンドの濃度[S]を測定することが可能である．Lを含むほうには，結合したリガンドと遊離の糖鎖リガンドを足した分([LS]+[S])だけSが含まれるので，先に求めた[S]を差し引くことにより[LS]を求めることができる．[LS]が非常に小さな場合は精度が悪くなるので，大量のレクチン(大きな初濃度$[L]_0$)を使い，平衡をLS側に傾ける工夫が必要である．遊離の糖鎖リガンドの濃度は，フェノール硫酸法など糖定量法で求めることも可能だが，より精度の高い測定のためには蛍光基などで標識することが望ましい．また，透析膜へのタンパク質の吸着，透析膜からのタンパク質の漏れ，イオン環境の違いにより2室間の遊離糖鎖リガンドの濃度に差が生じる可能性，などを確認する必要がある．

この方法では，レクチン1分子中に独立した複数個(n)の同等な糖鎖リガンド結合部位がある場合に(図4.2)，nを直接算出することができる．この場合，レクチン濃

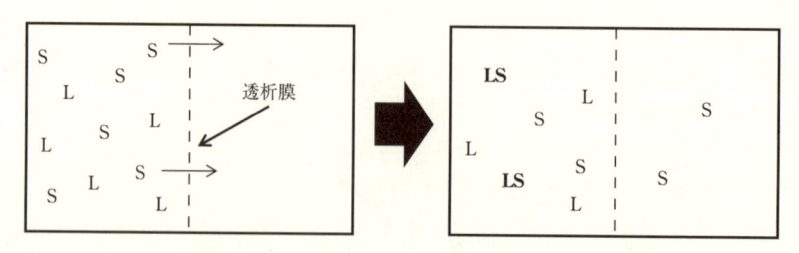

図4.1 平衡透析法におけるレクチン(L)と糖鎖リガンド(S)のふるまい．

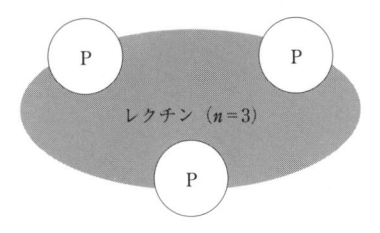

図4.2 1分子中に複数(n個)の糖鎖結合部位(P)をもつレクチン.

度[L]の替わりに糖鎖リガンド結合部位濃度[P]を用いて平衡式を書く．各結合部位における解離定数をK_jとすると，

$$P + S \rightleftarrows PS \tag{4.3}$$

$$K_j = \frac{[P][S]}{[PS]} \tag{4.4}$$

となる．ここで，全タンパク量$[L]_0$のn倍が全結合部位量$[P]_0$となるので，

$$n[L]_0 = [P]_0 = [PS] + [P] \tag{4.5}$$

平衡時にレクチン1分子あたりに結合している糖鎖リガンドの分子数をαとすると，

$$\alpha = \frac{[PS]}{[L]_0} \tag{4.6}$$

であり，式(4.4)と式(4.5)から変換して，

$$\alpha = \frac{[P][S]/K_j}{([PS]+[P])/n} = n\frac{[S]}{K_j+[S]} \tag{4.7}$$

平衡透析膜法では，$[L]_0$は初期設定値，$[S]$，$[PS]$は測定値として求まる．初期糖鎖リガンド濃度$[S]_0$を変えて実験を行うことにより，$[S]$とαの関係をプロットし，パソコンの統計解析ソフトで非線形回帰を行い，nとK_jを求めることができる(図4.3)．図において，漸近線が示すαの最大値がnに等しくなり，その半分($n/2$)における$[S]$の値がK_j値となる．レクチン濃度$[L]_0$が不明な場合，nはわからないがK_jを求めることはできる．この場合，計算上$[L]_0$は任意の値を用いる．非特異結合があるときは，点線のように収束しない曲線となる．

　上記のデータ解析においては，レクチンの各糖鎖リガンド結合部位が独立し，互いに影響を及ぼさないという仮定のモデル，つまり非協同的モデルであるが，まれに互いに影響を及ぼしあう協同的モデルに従う場合がある．このような場合のデータ解析については省略するが，非協同的モデルであるかどうかを判定するためには，グラフを直線化し，データが直線に載ることを確認するのが便利である．この場合，式(4.7)を変形して，

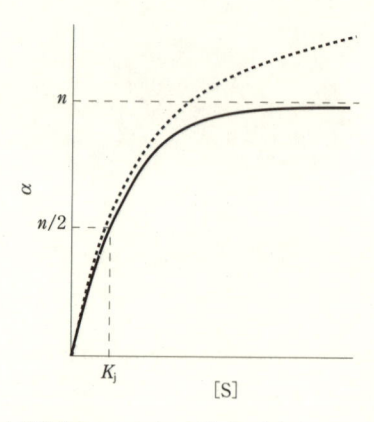

図4.3 n個の結合部位をもつレクチン1分子に結合している糖鎖リガンドの分子数αと、糖鎖リガンド濃度[S]の関係を示すカーブ(実線)と非特異結合を表すカーブ(点線).

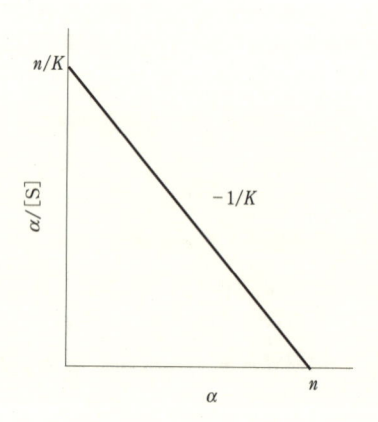

図4.4 スカッチャードプロットによる結合パラメーター解析.

$$\frac{\alpha}{[S]} = \frac{n}{K} - \frac{1}{K} \times \alpha \qquad (4.8)$$

とし、αに対して$\alpha/[S]$をプロットする(スカッチャード(Scatchard)プロット、図4.4).この直線の傾きが$-1/K$、y切片がn/K、x切片がnとなる.直線に載らない場合は、非特異的結合が存在するか、協同的モデルが疑われる.

4.2.2 糖鎖リガンドを滴下してレクチンの蛍光変化を観測する方法

糖鎖リガンド(S)の結合に伴い、レクチン(L)の蛍光が大きく変化する場合は、LにSを滴下してその蛍光変化から解離定数(K_d)を算出する方法が可能である.この場合、

4.2 溶液法によるレクチン-糖鎖結合の評価

糖鎖リガンドの標識が不必要なうえ，レクチンの濃度$[L]_0$がわからなくてもK_d値が求まるので便利である．ただし，糖鎖リガンドの初濃度$[S]_0$を正確に求める必要がある．

ここで，式(4.3)に従い糖鎖リガンド結合部位に着目すると，Sに結合することによるPの蛍光変化(ΔF)は，PSの生成量に比例する．$|\Delta F|$は，ほぼすべてのPがSと結合しPSになった状態，$[PS]_{max}$のときに最大となる．$[PS]_{max}=n[L]_0$なので，式(4.6)と(4.7)から，

$$\frac{\Delta F}{\Delta F_{max}} = \frac{[PS]}{[PS]_{max}} = \frac{[PS]}{n[L]_0} = \frac{\alpha}{n} = \frac{[S]}{K_j+[S]} \tag{4.9}$$

となり，nが消去されてしまう．したがって，この方法でnを求めることはできないが，解離定数を求めることはできる．実際には，$[S]_0 \gg [L]_0$として実験を行うと，加えるレクチンの濃度$[S]_0$を非結合レクチンの濃度$[S]$と近似的に等しいものとできるので，計算が楽である．

$$\Delta F = \frac{\Delta F_{max}[S]_0}{K_d+[S]_0} \tag{4.10}$$

式(4.10)を，$[S]_0$を横軸，ΔFを縦軸としてグラフ化すると，図4.3と同様の曲線になる．ただし，漸近線はΔF_{max}を示す．統計ソフトを用いて非線形回帰することにより，K_d値とΔF_{max}を求めることができる．$[S]_0 \gg [L]_0$の条件が不可能な場合でも測定は可能である．この場合は相関式が多少複雑になる．詳しくは成書[11,12)]を参考にされたい．このような滴下型の実験は，平衡透析膜法と異なり，1つの容器で一度にK_d値を求めることができて便利であるが，被滴下側の蛍光分子の濃度が滴下によって薄まらないように，実験的工夫をする必要がある．上記の実験においては，滴下側の糖鎖リガンド溶液にも被滴下側と同じ濃度のレクチンを加えておく必要がある．

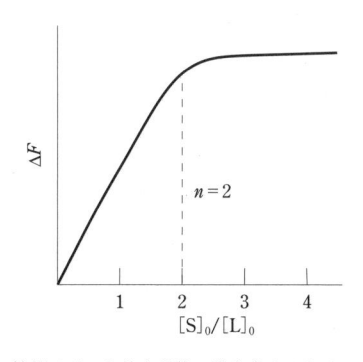

図4.5 レクチンの糖鎖リガンド結合部位の数を求めるための実験($n=2$の場合)．

n を求めたい場合は，レクチン濃度 $[L]_0$ を一定にしつつ糖鎖リガンド $[S]_0$ を種々の比率で混ぜた溶液を作り，F を測定し，横軸に $[S]_0/[L]_0$ を，縦軸に ΔF をとることにより，得られる曲線の変曲点に相当する $[S]_0/[L]_0$ 比が n となることを利用する（図4.5）．

4.2.3 レクチンを滴下して蛍光標識した糖鎖リガンドの蛍光変化を観測

蛍光標識した糖鎖リガンド (S) の水溶液にレクチン (L) を滴下していき，その蛍光変化 (ΔF) を測定し，解離定数 (K_d) を算出する方法も便利である．吸光度測定などによりレクチンの濃度を別途算出できることが条件となる．

レクチンに結合することによる糖鎖リガンドの蛍光変化 (ΔF) は，LS の生成量に比例する．$|\Delta F|$ は，S がほぼすべて L と結合し，LS になった状態 $[LS]_{max}$ のときに最大となる．$[LS]_{max} = [S]_0$ なので，

$$\frac{\Delta F}{\Delta F_{max}} = \frac{[LS]}{[LS]_{max}} = \frac{[LS]}{[S]_0} \tag{4.11}$$

となる．レクチンの濃度が糖鎖よりずっと大きく，$[L]_0 \gg [S]_0$ として実験を行うと，加えるレクチンの濃度 $[L]_0$ と非結合レクチンの濃度 $[L]$ は，近似的に等しいものとできる．したがって，式(4.11)は次のように変換できる．

$$K_d = \frac{[L]_0([S]_0 - [LS])}{[LS]} \tag{4.12}$$

式(4.11)と(4.12)より $[LS]$ を消去すると，次式が得られる．

$$\Delta F = \frac{\Delta F_{max}[L]_0}{K_d + [L]_0} \tag{4.13}$$

この式を $[L]_0$ を横軸，ΔF を縦軸としてグラフ化すると，図4.3と同様になる．統計ソフトを用いて非線形回帰することにより，K_d 値と ΔF_{max} を求めることができる．

蛍光基がついた糖鎖リガンドにレクチンを滴下しても，蛍光スペクトルがあまり変化しない場合が考えられる．どんな場合でもほぼ確実に観測できる物理量変化として，蛍光偏光を用いると便利である．蛍光偏光は，励起光に偏光を用いることにより，蛍光の偏光解消を測定する方法である（図4.6）．偏光励起光を蛍光分子に照射すると，ある一定の時間差を伴って蛍光を発することになる．この間，蛍光分子は並進・回転運動をするので，偏光がある程度傾くことになる．多くの蛍光分子を含むマクロな溶液では，ランダムな分子運動に伴い全体の蛍光偏光は解消の方向に向かう．分子量の大きな蛍光分子ほど運動は小さいので，偏光解消は小さくなる．蛍光基のついた糖鎖リガンドは比較的分子量が小さいので，蛍光偏光解消は大きい．一方，レクチンに結合するとみかけ上分子量が大きくなり，蛍光偏光解消が小さくなる．回転できる偏光

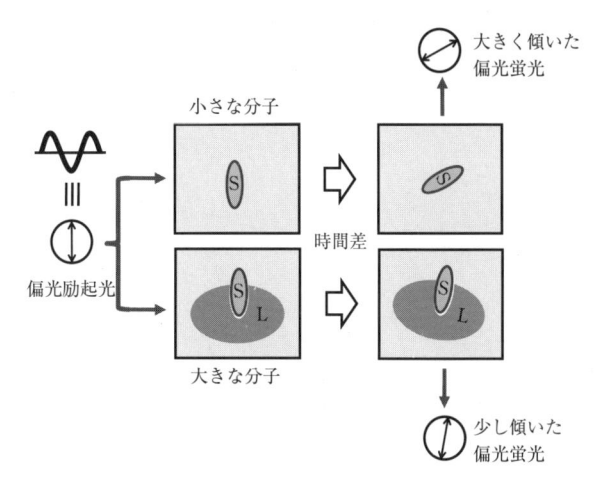

図 4.6 蛍光偏光法．糖鎖リガンド(S)がレクチン(L)と結合すると，みかけのサイズが大きくなり、分子運動が小さくなり、蛍光偏光の解消も小さい．

板を励起光側と蛍光側両方にセットし，偏光板を 90 度ずつずらして蛍光測定を行う．励起光側偏光板の回転角度を $\Phi°$，蛍光側偏光板の回転角度を $\varphi°$ として，測定される蛍光強度を $F_{f,j}$ とすると，蛍光異方性 γ が式(4.14)から求まる．

$$\gamma = \frac{F_{0,0}F_{90,90} - F_{90,0}F_{0,90}}{F_{0,0}F_{90,90} + 2F_{90,0}F_{0,90}} \quad (4.14)$$

この γ を式(4.13)の F の代わりに用いて，K_d を求めることができる．

$$\Delta\gamma = \frac{\Delta\gamma_{max}[L]_0}{K_d + [L]_0} \quad (4.15)$$

4.2.4 蛍光標識した糖鎖リガンドをレクチンに滴下して蛍光変化を観測

蛍光標識した糖鎖リガンドがレクチンに結合すると，溶媒の影響で消光していた蛍光基がタンパク質によりしゃへいされて蛍光を回復する場合が多い．このような場合，レクチンに結合している糖鎖リガンド濃度[LS]を，式(4.16)によって求めることができる．

$$[LS] = [S]_0 \times \frac{Q_{obs} - Q_S}{Q_{LS} - Q_S} \quad (4.16)$$

ここで，Q_S：糖鎖リガンドの蛍光量子収率，Q_{LS}：レクチンに結合した糖鎖リガンドの蛍光量子収率，Q_{obs}：観測した蛍光強度を $[S]_0$ で割った値，である．

Q_S はレクチン非存在下での糖鎖リガンド濃度と蛍光強度の比例係数であり，図 4.7

4 レクチンタンパク質をはかる

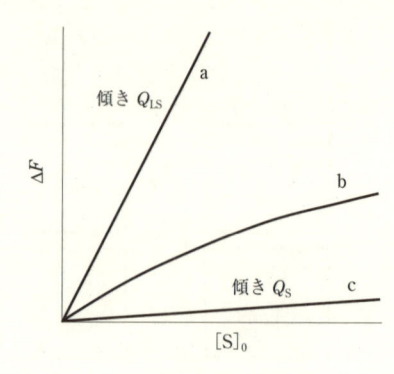

図 4.7 蛍光標識糖鎖リガンドの高濃度レクチン存在下(a), 中濃度レクチン存在下(b), および非存在下(c)での蛍光強度変化.

の直線 c の傾きに相当する. また, Q_{LS} はレクチンが大過剰に存在するときの糖鎖リガンド濃度と蛍光強度の比例係数であり, 図 4.7 の直線 a の傾きに相当する. これらの値をあらかじめ求めておき, 実際には中濃度のレクチンで滴下実験を行う(曲線 b). 式 (4.16) より [LS] を求め, $[S]_0$ から差し引くことにより, 遊離の糖鎖リガンド濃度 [S] を求めることができる. つまり, 他の蛍光法で用いていた $[S]_0 \gg [L]_0$ という条件を用いることなく, 平衡透析膜法と同様に [S] を求めることができるので, 式 (4.7) から n と K_j を求めることができる.

4.3 固定化法によるレクチン-糖鎖結合の評価

4.2 節の溶液法は, レクチン-糖鎖リガンド結合の正確な K_d 値を求めるのに適しているが, 多くの糖鎖リガンドからすばやく活性物質を見つけるのには適していない. たとえば糖鎖リガンドライブラリーを合成した場合, これらの K_d 値を測定する前に一度に活性物質をスクリーニングできるほうがよい. ここでは, 多種の糖鎖リガンドを並べた配列を作製し, これにレクチンを加え, 結合が起こったときに起こるなんらかの変化を測定することにより, 一度に活性物質を見いだすことができる方法をいくつか紹介する. このような方法では, 糖鎖リガンドあるいはレクチンをなんらかの固体担体に固定化し, これに遊離のレクチンあるいは糖鎖リガンドを加えるという手法をとる. ガラスやプラスチックなどのプレートに固定化する方法, ビーズなどの粒子に固定化する方法, カラム担体に固定化する方法, などがある.

プレートに固定化する方法の中には, 表面プラズモン共鳴や原子間力顕微鏡(6 章参照)[13]など, 実時間に物理量変化を正確に測定することができる装置がある. しか

しこれらの装置は高価であり,手軽とはいえない.一方,従来からあるELLA(enzyme-linked lectin assay)とよばれる方法は,未結合のレクチンあるいは糖鎖を洗浄して結合しているものだけを,半定量的あるいは定性的に観測するという単純な原理に基づいており手軽である.ここではまずこのELLA法を紹介する.

糖鎖リガンドが固定化されている粒子を用いる方法としては,赤血球凝集検査が古くから行われている.しかしこの方法では,赤血球が不安定で長期保存がむずかしいことと,目的とする糖鎖を赤血球に載せることができないという欠点がある.そこで手軽な方法として,赤血球の替わりにビーズを用いる凝集反応が開発されている.ここではこのビーズ法について解説する.また最近開発された方法では,赤血球の替わりに金ナノ粒子を用い,凝集により金の色が変わることを利用してレクチン糖鎖相互作用を検出しているが,これについては他の文献[14]を参照してほしい.

カラム担体に固定する方法としては,レクチン固定化カラムに対し蛍光標識化したリガンド糖鎖を溶出させ,その溶出容量から解離定数を算出するフロンタルアフィニティークロマトグラフィー(FAC)法のように,比較的手軽な方法もある[15].

4.3.1 ELLA法

ELLA法の最も標準的方法では,糖鎖リガンドが固定化されたマイクロプレートウェルに,ペルオキシダーゼなどの酵素で標識されたレクチンを加えたのち洗浄し,酵素の基質を加えて呈色によりリガンドに結合したレクチンを定量する(図4.8).合成した多数の糖鎖リガンドからレクチンに結合するものを迅速にスクリーニングするのに適しているが,解離定数を求めることはできない.市販の酵素標識レクチンが入

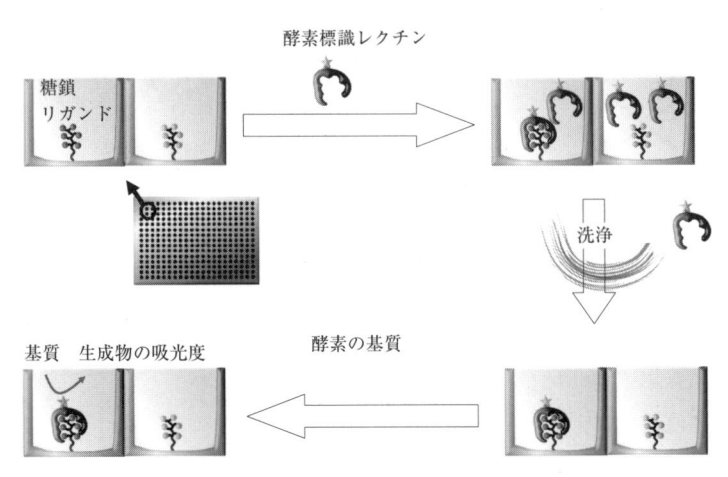

図4.8 ELLA法による糖鎖リガンドとレクチンの結合評価.

手できる場合には手軽な方法であるが，自分で調製しなければならない場合は少し手間がかかる．また，リガンドとレクチンの結合が K_d 値にして $10\,\mu\mathrm{M}$ 以下くらいの強さがないと，洗浄の際にレクチンが流されてしまう可能性が高い．さらに，糖鎖リガンドをマイクロプレートウェルに固定化する方法にも工夫が必要である．

糖鎖リガンドの固定化においては，レクチンのマイクロプレートウェル露出表面への非特異的吸着を防ぐ方法を，あわせて考える必要がある．レクチンの非特異吸着防止のためには，一般に糖鎖リガンド非修飾部分の露出表面を Tween20 のような界面活性化剤やウシ血清アルブミン (BSA) のようなタンパク質でブロックする（図 4.9）．これらの物質はそれぞれに体積が大きいので，糖鎖リガンドが埋もれてしまう可能性がある．その場合，レクチンは糖鎖リガンドに届かないので正しく測定が行われなくなってしまう．したがって，糖鎖リガンドを共有結合でマイクロプレートウェルに固定する場合には，相当長いスペーサーを使う必要がある．より確実な方法は，ビオチン–ストレプタビジン結合による固定化である（図 4.9）．この場合，まずビオチン結合タンパク質であるストレプタビジンをマイクロプレートウェル上に非特異吸着させたのち，BSA によるブロックを行う．これにビオチン化した糖鎖リガンドを加え，強力なビオチン–ストレプタビジン結合を形成させ固定化する．糖鎖リガンドはストレプタビジン層の上に来るので，ストレプタビジン間のすき間を BSA などでブロックしても，糖鎖リガンドが埋もれる心配はほとんどない．

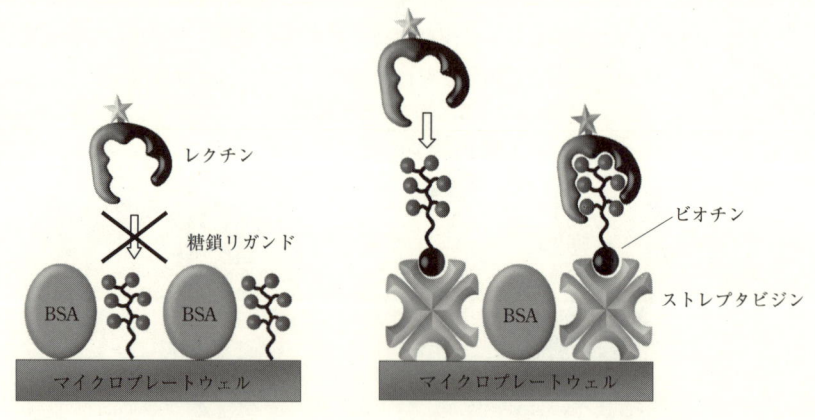

図 4.9 レクチンの非特異吸着を防ぐためのマイクロプレートウェル表面の BSA によるブロック（左）と，ストレプタビジン–ビオチンを用いる糖鎖リガンドの固定化（右）．

4.3.2 ELLA 阻害実験

上記の ELLA 法では，糖鎖リガンドとレクチンの結合能が相当高くないと検出でき

ない．さらに，糖鎖リガンドをマイクロプレートウェルに固定化できるように修飾しなければならず，めんどうである．これらが問題となる場合には，阻害実験を行うとよい．この場合標準糖鎖リガンドとして，フェチュインなどの糖タンパク質やマンナンなどの多糖類を，マイクロプレートへ非特異吸着させて用いる．これらの標準糖鎖リガンドは相当するレクチンに強力に結合するため，洗浄でレクチンが流されてしまうことはない．一方，遊離の糖鎖リガンド阻害剤をウェル内に加えておくと，レクチンの糖鎖リガンド結合部位がブロックされるため，レクチンが洗い流される．阻害剤の連続希釈により，レクチンが洗い流される最低阻害剤濃度を求めることができる．遊離の糖鎖リガンドをそのまま使う場合は，阻害を起こすために1 mM程度の高濃度の糖鎖リガンドが必要となる．糖鎖リガンドをBSAなどのキャリヤータンパク質に固定化して阻害剤として使えば，必要濃度はより少なくてすむ．

4.3.3 ラテックスビーズ法

糖鎖リガンドを固定化させたラテックスビーズは，赤血球と同様，その糖鎖を認識するレクチンがあると凝集を起こす(図4.10)．凝集が起こるためには，レクチン分子が複数量体になっていることが条件であるが，ほとんどのレクチンはこの条件を満たす．凝集反応は目視で観測できるうえ，比較的感度がよいので，非常に手軽で便利な方法である．洗浄の操作がいらないので，レクチンとの結合能が大きくない糖鎖リガンドの場合には，ELLAよりこちらが向いている．ELLA法と同様，マイクロプレートを用いて凝集反応を行うことにより，糖鎖リガンドライブラリーに対しても適用可能である．アミノ基やカルボキシル基で被覆されたラテックスビーズも市販されており，共有結合で糖鎖リガンドを固定化することができる．しかし，レクチンの非特異吸着の問題はELLA法と同様であり，ビオチン-ストレプタビジン結合による固定化のほうがよい．筆者らは，さらに安価で手軽な方法として，BSAをビーズに非特異吸着させ，BSAのもつアミノ基を使ってスペーサーを介して糖鎖リガンドを導入している[16]．この場合，BSA 1分子に最大約30個の糖鎖リガンドをつけることが可能

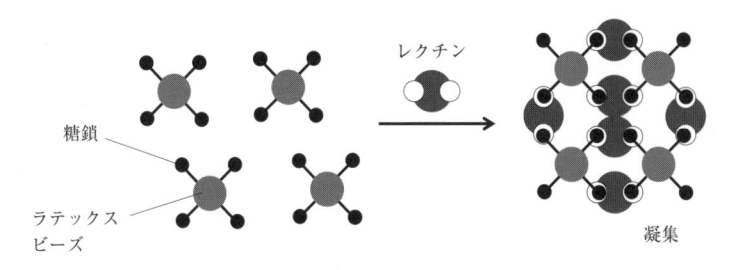

図4.10　ラテックスビーズ法によるレクチンの凝集実験．

であり，クラスター効果により凝集の感度を向上させることができる．

4.4 おわりに

以下に，本章で紹介したアッセイ法を用いて，合成糖鎖リガンドのレクチンへの結合を評価する計画についておおまかな流れを説明する．まず，ラテックスビーズを用いる凝集実験は，原則的に全く測定機器を使用しないで合成糖鎖リガンドのレクチンへの結合を観測することができるので，第一選択肢とする．しかし，ただの沈殿を凝集と見まちがえる可能性があること，すべてのレクチンが凝集反応を起こすとはかぎらないことなど，不安な要素が残る．調べるレクチンが決まっているのであれば，ELLA法による阻害実験が確実な方法と考えられる．また，以上のスクリーニングでレクチン結合活性があることがわかった糖鎖リガンドについては，蛍光法を使ってK_d値を求めることが望ましい．精製レクチンを使えるのであれば，レクチンタンパク質が蛍光をもち，糖鎖リガンドの添加により蛍光強度が変化するかどうかを確認しておくとよい．蛍光強度が著しく変化するのであれば，糖鎖リガンドの滴下実験によりK_d値を求めることができる．もしレクチンの蛍光変化がないのであれば，糖鎖リガンドに蛍光基を導入し，これにレクチンを加えたときの蛍光変化の有無を確認する．蛍光が著しく変化した場合は，レクチンへの滴下実験によりK_d値を求めることができる．もしも蛍光標識糖鎖リガンドの蛍光が変化しないのであれば，蛍光偏光法によりK_d値を求めることができる．蛍光標識できない場合は阻害実験を考慮するが，これについては本章では説明を省略しているので，他の文献[11,12]を参照してほしい．

以上の実験計画に従うことにより，あまり高価な測定機器を使用することなく，ほぼすべての合成糖鎖リガンドにつきレクチンへの親和性を求めることができる．また，詳細は省略するが，K_d値を複数の温度条件で測定し，その結果をファントホッフプロットにより解析すれば，結合エンタルピーと結合エントロピーを求めることもできる．以上より，有機化学の実験室でも合成糖鎖リガンドとレクチンの結合具合を手軽に測定できることを紹介した．有機化学者がレクチン-糖鎖リガンド結合実験の技術と知識を活用することにより，新規化合物の設計・合成・評価・フィードバックのサイクルが，より迅速になることを期待する．

引用文献

1) N. Sharon, H. Lis ed., *Lectins*, Springer, Netherlands (2003)
2) A. Varki, R. Cummings, J. Esko, H. Freeze, G. Hart, J. Marth ed., *Essentials of Glycobiology*, Cold Spring Harbor Laboratory Press (1999)

3) M. E. Taylor, K. Drickamer, *Introduction to Glycobiology*, Oxford University Press (2003)
4) 山崎信行, 八木史郎, 小田達也, 畠山智充, 小川智久編, レクチン研究法 (生物化学実験法 52), 学会出版センター (2007)
5) S.E. Harding, B.Z. Chowdhry ed., *Protein-Ligand Interactions : Hydrodynamics and Calorimetry*, Oxford University Press (2001)
6) D.R. Shankaran, K.V. Gobi, N. Miura, *Sens. Actuators B*, **121**, 158-177 (2007)
7) P.C. Weber, F.R. Salemme, *Curr. Opin. Struct. Biol.*, **13**, 115-121 (2003)
8) L. Fielding, *Prog. Nucl. Magn. Reson. Spectrosc.*, **51**, 219-242 (2007)
9) N.L. Thompson, A.M. Lieto, N.W. Allen, *Curr. Opin. Struct. Biol.*, **12**, 634-641 (2002)
10) J.J. Díaz-Mochón, G. Tourniaire, M. Bradley, *Chem. Soc. Rev.*, **36**, 449-457 (2007)
11) P.C. Engel ed., *Enzymology Labfax*, Bios Scientific Publishers (1996)
12) I.M. Klotz, *Ligand-Receptor Energetics, A Guide for the Perplexed*, John Wiley & Sons (1997)
13) C.K. Lee, Y.M. Wang, L.S. Huang, S. Lin, *Micron*, **38**, 446-461 (2007)
14) H. Otsuka, Y. Akiyama, Y. Nagasaki, K. Kataoka, *J. Am. Chem. Soc.*, **123**, 8226-8230 (2001)
15) J. Hirabayashi, Y. Arata, K. Kasai, *J. Chromatograph. A*, **890**, 261-271 (2000)
16) H. Yuasa, T. Haraguchi, T. Itagaki, *J. Carbohydr. Chem.*, to be published in 2009

5 アミロイドタンパク質をはかる

5.1 はじめに

　我々の体を構成している生体分子の中でタンパク質は，筋肉などを構成する構造体としての機能や，化学物質を効率的に変換する酵素としての機能など，非常に多岐にわたる役割を担っている物質である．タンパク質はアミノ酸がひも状に連なった高分子であるが，そのアミノ酸配列情報に依存して多様な機能発現を行っている．多くのタンパク質はその機能発現のために，ひも状の分子が特定の立体構造へと折りたたまれている．このように目的の機能を発現するためには，タンパク質は適切に折りたたまれている必要があり，その折りたたみ方がまちがったり失敗したりすると生体内で不要の産物となることから，通常は速やかに分解・代謝される．ところが，タンパク質によっては分解されずに凝集し，アミロイド線維とよばれる非常に安定な集合体を形成する場合があり，この凝集が種々の疾患と関連していることがしだいに明らかとなってきた(図 5.1)．現在ではこのタンパク質のミスフォールディングが引き起こす病気を総称して，ミスフォールディング病とよんでいる．狂牛病の原因物質と考えられているプリオンタンパク質も，ミスフォールディングにより疾患を引き起こしていると考えられている．ほかにも，アルツハイマー病，パーキンソン病，ハンチントン病などの病気が，ミスフォールディング病に分類される．

　とくにアルツハイマー病は，患者の 10％を占める遺伝性の家族性アルツハイマー病に対して，残りの 90％は孤発性(非遺伝性)であるため，その患者数は社会が高齢化するに従い右肩上がりで増えていくと予想される[1]．アルツハイマー病の病変として，老人斑の形成と神経原線維変化が知られている．前者は約 40 残基からなるアミロイド β ペプチド($A\beta$)が，後者では異常リン酸化されたタウタンパク質が主要な構成成分となっている．近年の研究から，アルツハイマー病発症には $A\beta$ のミスフォー

5.1 はじめに

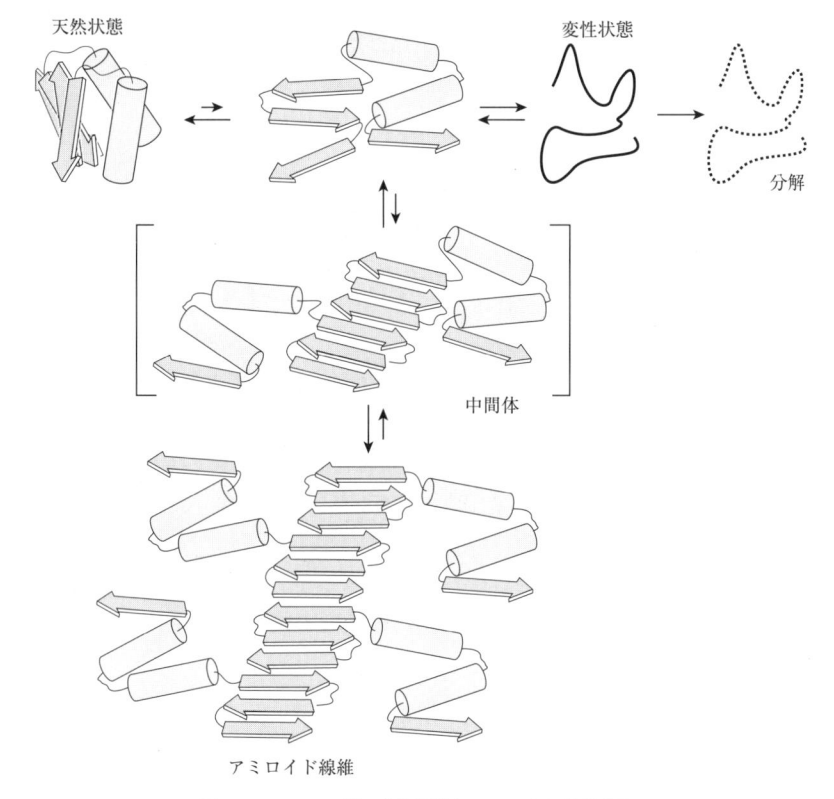

図5.1 タンパク質の凝集過程とアミロイド線維形成.

ルディングが強く関与していると考えられてきている．$A\beta$ は，アミロイド前駆体タンパク質 (APP) からプロテアーゼにより切断されて産生されたのち細胞外へと分泌され，通常速やかに代謝されるが，なんらかの因子によりミスフォールドした $A\beta$ が細胞死を誘発している可能性が指摘されている．$A\beta$ は，試験管内でインキュベーションすると自発的に集合化し，β シート構造に富んだアミロイド線維を形成することから (図5.2)，$A\beta$ が脳内でアミロイド線維化しアルツハイマー病発症を引き起こすとする，アミロイド仮説が有力であった．しかし，ここ数年の $A\beta$ 関連の研究から，$A\beta$ がアミロイド線維化する途中に存在すると予想される可溶性オリゴマーの $A\beta$ が，成熟したアミロイド線維よりも高い細胞毒性を示すことが明らかとなってきている[2]．さらにプリオンタンパク質でも，成熟した線維状集合体よりもオリゴマー状態のものが高い感染性を示すことが報告されてきた[3]．このように，これまでのアミロイド線維中心の研究から，オリゴマーに関する研究が細胞毒性や病気と関連した研究を中心として増えてきている．

55

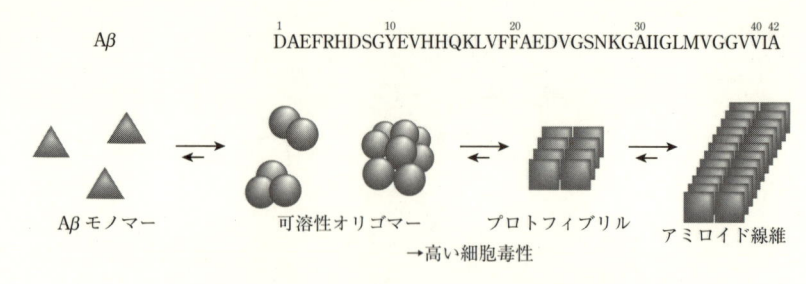

Aβ　　　　　　DAEFRHDSGYEVHHQKLVFFAEDVGSNKGAIIGLMVGGVVIA

図5.2　アミロイドβペプチド (Aβ) の集合化の模式図.

　筆者らの研究室では，アルツハイマー病関連のAβを標的として，その集合化のメカニズムに基づき，Aβと相互作用しうるペプチドやタンパク質を設計してきている．このような分子をうまく使うことで，Aβの集合体形成の制御やAβの量をはかることが可能になると考えている．ここでは，筆者らがこれまで行ってきたいくつかの研究例を紹介する．

5.2　人工ペプチドを用いるアミロイド線維の増幅

　タンパク質の自己集合とそれに伴って起こるアミロイド線維形成における特徴の1つとして，形成したアミロイドが線維形成を促進する鋳型として働く自己触媒的な作用を有している点にある．そのため，体内におけるアミロイドの量を定量することができると，病気の進行具合やいつごろ発症するかなど，早期診断ができる可能性がある．しかし体内にある微量のアミロイド線維を定量するためには，高感度に検出可能な方法が必要である．現在，試験管内での実験においてアミロイド定量試薬として頻繁に使われているチオフラビンT (ThT) などの蛍光色素では，微量の線維を定量するには不向きである．そこで筆者らは，アミロイド形成機構を利用して，Aβが形成したアミロイド線維を鋳型として反応するような人工ペプチドの設計を試みた (図5.3(a))[4]．ここでの重要な点として，人工ペプチド単独ではアミロイド線維を形成せず，そこにAβアミロイドが微量存在すると，それに反応して人工ペプチドが線維化するものを構築することである．形成した人工ペプチドのアミロイド様線維は，体内のアミロイドと比較して大量に調製することができ，その人工ペプチドで増幅したアミロイドをThT蛍光を使えば容易に検出することができると考えた．そこでAβに結合し，かつアミロイド様線維を形成可能なペプチドを設計するために，Aβ自身の配列 (14〜23残基) を参考にした．ペプチドの基本骨格配列をAc-KQKLLXFLEE-NH$_2$とし，Xの位置に種々の疎水性アミノ酸 (Leu, Val, Ala, Thr, Phe, Tyr) を配置したペプチドを

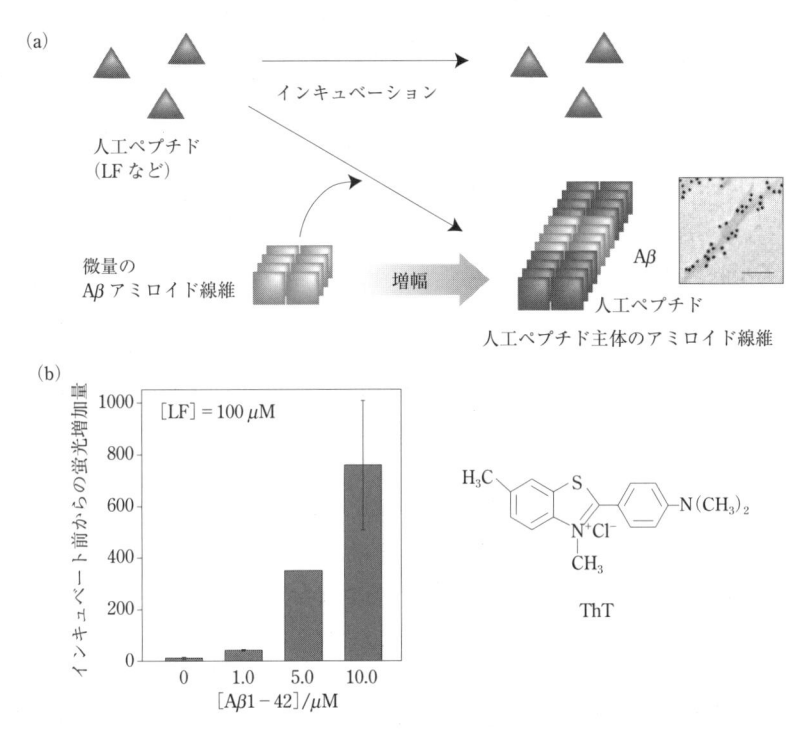

図 5.3 (a) 人工ペプチドを用いる微量 Aβ アミロイド線維の増幅の模式図. (b) ThT 蛍光色素によるアミロイド様線維の蛍光検出. LF と Aβ 混合後, 37℃ で 8 時間インキュベートしたのちに測定.

設計した (LF, VF, AF, TF, FF, YF). この人工ペプチドが鋳型となる Aβ アミロイド線維と相互作用して β シート構造が誘起され, それが逆平行 β シート構造を形成して集合化することで, アミロイド様線維を形成することを期待した.

設計したペプチドを少量の Aβ アミロイド線維と混合してインキュベーションしたところ, 疎水性の高い LF ペプチドでは, Aβ アミロイドに反応して顕著にアミロイド様線維を形成することが確認された (図 5.3(b)). さらに, 加える Aβ アミロイドの量に依存して ThT 蛍光の強度も変化した. このことから, 設計した LF ペプチドが Aβ と相互作用して自身の線維形成を促進していることが強く示唆された. また透過型電子顕微鏡 (TEM) 観察においても, 加える Aβ の濃度に依存して LF が形成する線維の量や形状が若干異なることが確認された. そこで, もし作業仮説が正しく, Aβ のアミロイド線維を鋳型として人工ペプチドが線維形成しているとすれば, 形成したペプチド線維の中に Aβ 分子が取り込まれているはずである. それを確認するために, ビオチン化した抗 Aβ 抗体と抗ビオチン抗体を担持した金コロイド粒子を使って,

TEM観察を試みた．その結果，TEMグリッド上に観察されたアミロイド様線維の上に金コロイド粒子が多数観察された(図5.3(a)右)．もちろんAβなしの線維には金コロイド粒子は確認されなかった．以上のように，Aβの配列情報に基づき設計した短鎖のペプチドを用いることで，微量のAβを検出しうることが示された．もちろんまだ感度のうえで十分とはいえないが，より特異性が高く，より微量のAβアミロイドに反応するペプチドを構築することができると，将来的なアルツハイマー診断などへの応用も期待される．

5.3 人工ペプチドを用いるAβオリゴマーの迅速線維化と細胞毒性の評価

5.2節において紹介した人工ペプチドLFは，Aβアミロイドを認識して自分自身が線維形成する能力を有している．この系において使用する鋳型を，AβアミロイドではなくAβの可溶性オリゴマーを用いることを考えた(図5.4(a))．Aβオリゴマーは細胞毒性が高いことが知られており，アルツハイマー病発症との関連性が強く指摘されている．この毒性の高いオリゴマーを人工ペプチドのアミロイド様線維に取り込むことができれば，細胞毒性を低下させることができるものと思われる．そこでLFペプチドを用いて，Aβオリゴマーの取り込み能を評価した．まずLFペプチドに微量のAβオリゴマーを加えてインキュベーションし，その人工ペプチドの線維形成能についてThT蛍光を用いて評価した．すると，Aβオリゴマー存在下において，顕著にアミロイド様線維形成が促進されることがわかった(図5.4(b))．次に，核として加えたAβオリゴマーがLFペプチドの線維中に定量的に取り込まれていることを確認するために，インキュベーションした溶液を遠心分離し，その上清をサイズ排除クロマトグラフィー(SEC)分析した(図5.4(c))．まず，LFペプチドとAβオリゴマー混合直後に遠心分離してSEC分析をした結果，Aβオリゴマーの9割程度がLF線維に取り込まれていることが示唆された．さらに2時間インキュベーションしたのちに分析すると，溶液中のAβオリゴマーはほぼ完全に消失していることが明らかとなった．これは，遠心分離した上清をELISA法(3.2節参照)で定量した場合においても同様な結果となり，LFペプチドが効率的にAβオリゴマーを捕まえていることがわかった．

そこで，LFペプチドの配列をもとに，7残基めのPheの位置にビフェニルアラニン(Bph)またはナフチルアラニン(Nap)を配置した7Bph，7Napペプチドを，それぞれ新たに設計した．7Bph，7Napとも，Aβオリゴマー存在下において，アミロイド様線維形成が促進されることがわかった．特に7Napは，ThT蛍光の値がLFの場合より2倍ほど高く，より効率的にアミロイド様線維を形成していることが強く示唆さ

5.3 人工ペプチドを用いる Aβ オリゴマーの迅速線維化と細胞毒性の評価

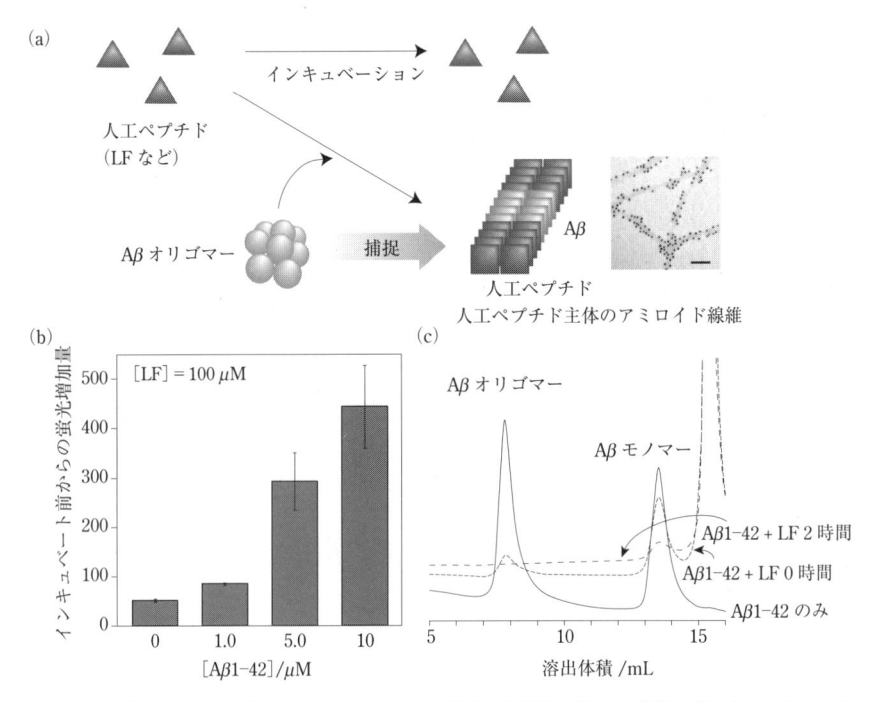

図 5.4 (a) 人工ペプチドを用いる Aβ オリゴマーの捕捉の模式図．(b) ThT 蛍光色素によるアミロイド様線維の蛍光検出．LF と Aβ オリゴマー混合後，37℃で 8 時間インキュベートしたのちに測定．(c) サイズ排除クロマトグラフィーによる遠心分離後の上清に含まれる Aβ の分析．

れた．

次に，これらの人工ペプチドを用いて Aβ オリゴマーの細胞毒性を低減することができるかどうかについて，モデル培養細胞(PC12)を使った実験により検討した．MTT 法(生細胞数を半定量する方法)，LDH 法(死細胞より放出されるラクトースデヒドロゲナーゼ活性を測定する方法)により，Aβ オリゴマーの毒性を評価し，人工ペプチド存在下および非存在下での細胞死を調べたところ，人工ペプチドの濃度に依存して Aβ オリゴマーの細胞毒性が低下することがわかった(図 5.5)．とくに 7Nap ペプチドは，200 μM 加えることで Aβ オリゴマーの毒性をほぼ回復できることが示された．これは，7Nap ペプチドが効率的に Aβ オリゴマーを捕まえてアミロイド様線維を形成し，できた線維が細胞に低毒性であるためと考えられる(ペプチド LF，7Bph，7Nap 自身は無毒性である)．このように，Aβ の配列に基づき設計した人工ペプチドを利用することで，Aβ オリゴマーの毒性を低減するような新規分子を設計できることが示された．将来的には，このような人工分子を使って，アルツハイマー病の治療などに貢献できることが期待される．

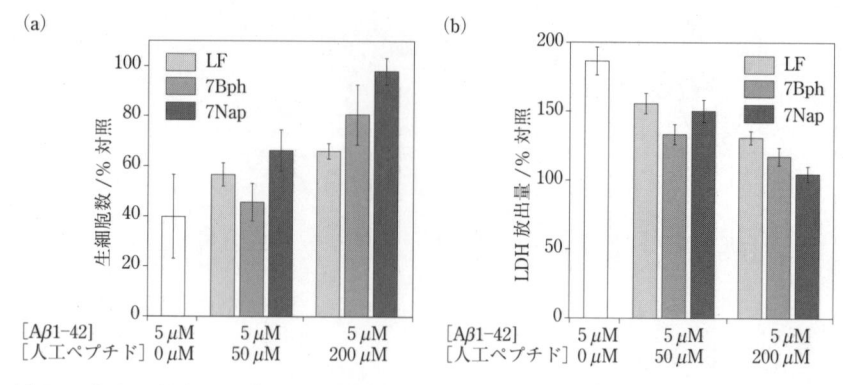

図 5.5 人工ペプチド LF, 7Bph, 7Nap を用いる Aβ オリゴマーによる PC12 細胞への毒性低減能を, MTT 法(a)および LDH 法(b)で評価した結果.

5.4 Aβ 可溶性オリゴマーの生成を阻害する人工タンパク質の設計

前節で紹介した例では, Aβ に結合する人工ペプチドを利用して, Aβ アミロイドの増幅や Aβ オリゴマーを捕捉して毒性を低減するといった, 積極的に線維形成を促す方向の方法であった. しかし, 抗体などといった標的分子に強い親和性を示す化合物を使うと, Aβ の集合化自体を阻害したり, Aβ オリゴマーに結合することによりその細胞毒性を中和したりといったことが期待でき, 現在いくつかの Aβ 特異抗体を用いる研究が盛んに行われている[5]. そこで抗体の例に習い, Aβ に強く結合する能力を有する分子設計を試みた[6]. 前節の人工ペプチドの設計手法では, Aβ の自己認識の原理を逆手にとってその Aβ 配列を参考にペプチドを設計したが, それ自身もアミロイド様線維を形成する. そこで β シート構造を複数有し, かつ安定性にすぐれた(すなわち自分自身がアミロイド化しない)タンパク質を, スキャフォードとして用いることを考えた. このタンパク質表面に Aβ 配列の一部を複数配置することができれば, その表面上に形成された擬 Aβ β シートを, ほんものの Aβ が認識・結合するものと期待した(図 5.6(a)).

Aβ を挿入するタンパク質として, 現在分子生物学やバイオテクノロジー分野で盛んに用いられている緑色蛍光タンパク質(GFP)を選択した(図 5.6(b))[7]. GFP は β バレル構造をもち, バレル構造に折りたたまれることで自発的に蛍光色素を形成する反応が進行し, 結果強い蛍光を発することが知られている. この GFP 構造は非常に安定で, その表面には平行型および逆平行型 β シート構造を有している. Aβ は集合化に伴い, ランダムコイル構造から β シート構造が富んだ状態へと構造転移すること

5.4 Aβ可溶性オリゴマーの生成を阻害する人工タンパク質の設計

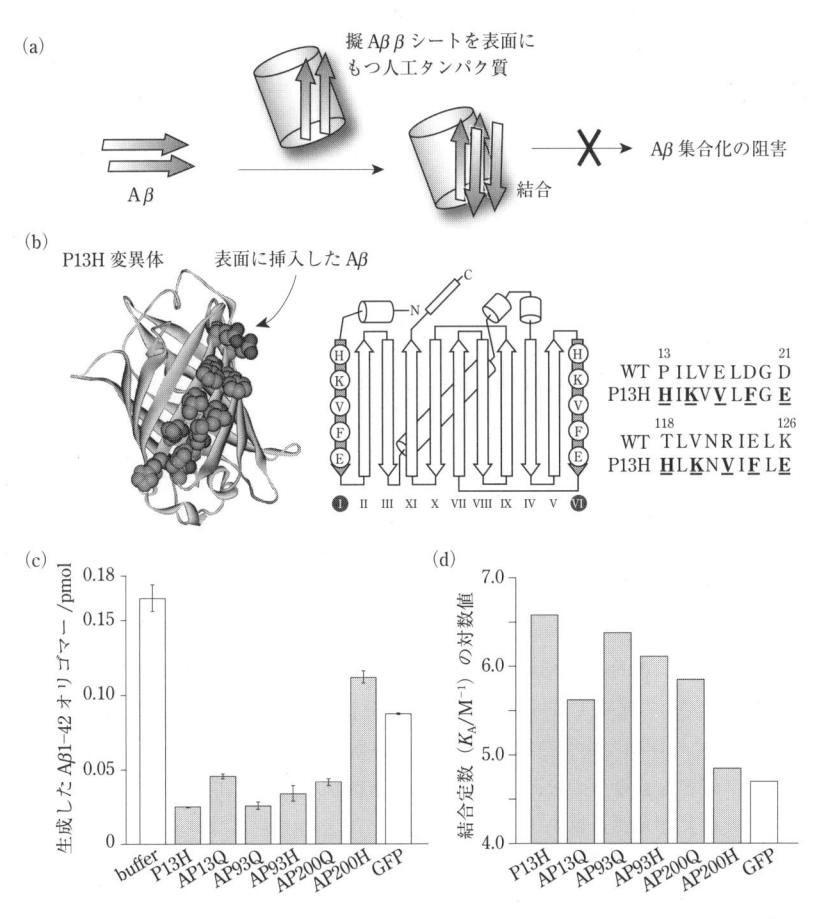

図5.6 (a) Aβ配列を挿入したGFPの設計とそれを用いるAβ集合化阻害のメカニズムの模式図．(b) 平行βシート部位にAβ配列を挿入したP13Hのモデル構造．(c) 各GFP変異体によるAβオリゴマー阻害能の評価．[Aβ1-42] = 10 μM, [タンパク質] = 2.5 μMで，20℃，24時間インキュベーション．(d) SPR法により算出したAβ1-40と各GFP変異体との結合定数．

がわかっており，またAβアミロイド線維の構造もいくつか予測されている．たとえばTyckoらは，Aβ1-40のアミロイド線維を固体高分解能NMRで測定・解析し，分子内でターンを形成したAβが平行βシートで線維を形成しているモデル構造を報告している[8]．この構造では，Aβの中央付近に位置する疎水性に富んだ領域とC末端側の疎水性領域が相互作用している構造となっている．一方，Aβの部分配列のみが形成するアミロイド線維の構造に関する研究も多数報告されており，一例を示すと，Aβの14～23残基めまでのAβ14-23は，それ自身でAβと同様にアミロイド線維を

形成することが報告されている[9]．この部位を含むペプチドのアミロイド線維は，いくつかの実験から，逆平行βシート構造を形成しているとされる．両モデルとも，Aβの中央付近の疎水性領域のアミノ酸側鎖間の相互作用が，Aβのアミロイド線維形成に大きく寄与していると考えられる．そこでこのモデル構造を参考にし，GFP表面のアミノ酸残基をAβ由来のアミノ酸残基に置換して，GFP表面に擬AββシートF造を提示した人工タンパク質を設計した．

　GFPは計11本のβストランド鎖を表面にもっており，そのストランドIとVIが平行βシート構造を形成している．この2つのストランドを利用して，Aβ配列の中央部分の疎水性領域のアミノ酸を挿入したP13Hタンパク質を設計した（図5.6(b)）．この際にGFPのバレル型構造の形成に悪影響を与えないよう，GFPバレルの内部のアミノ酸残基はそのまま保存した．一方，GFPはその表面に逆平行βシートを10組もっている．そこで，ストランドIとIIにAβ配列の一部を挿入したAP13Q，以下IVとIX（AP93Q, AP93H），XとXI（AP200Q, AP200H）をそれぞれ設計した．

　まず設計したタンパク質の分光学的性質について，吸収スペクトル測定により評価した．GFPがフォールディングし色素構造が形成されると，490 nm付近に強いバンドを示す．今回設計したタンパク質すべてが490 nm付近にバンドを示したことから，Aβ配列のGFP表面への挿入はその構造形成に大きく影響を与えていないことが示唆された．またAβの配列を挿入したことで，設計したタンパク質自体が凝集してしまう可能性が考えられたので，SECを用いて凝集性について評価した．SECの結果，各タンパク質とも単量体の位置にピークが観測された．この結果から，設計した人工タンパク質は，凝集性も低いことが確認された．この人工タンパク質を用いてAβの凝集阻害実験を試みた．ここでは，Aβ認識抗体6E10とビオチン標識した6E10（bio-6E10）を用いて，Aβオリゴマーを定量することで各人工タンパク質の阻害能を評価した（図5.6(c)）．

　人工タンパク質存在下，非存在下で凝集性の高いAβ1-42をインキュベーションしたところ，設計した人工タンパク質存在下において生成するAβオリゴマーの量が顕著に低下した．とくに平行βシートを挿入したP13Hでは，オリゴマー生成を約1/6にまで抑制できることが明らかとなった．また，逆平行βシートに挿入したAP93Qも強いAβ集合化阻害能を示した．この結果は，GFP表面に提示した擬Aββシート構造がAβとの相互作用に効果的に寄与し，そのためAβのオリゴマー形成を強く阻害したものと推察される．さらに表面プラズモン共鳴法によりAβとタンパク質の相互作用について評価したところ，阻害能にすぐれていたP13Hで，Aβとの結合定数が$3.8 \times 10^6 \, \text{M}^{-1}$，AP93Qで$2.3 \times 10^6 \, \text{M}^{-1}$という強い結合能をもつことが示された．まだ結合力としては抗体には及ばないものの，Aβの集合化を食い止めることができ

5.4 Aβ可溶性オリゴマーの生成を阻害する人工タンパク質の設計

る程度の結合力をもつタンパク質を合理的に設計できる可能性が示された．

そこで，GFP 以外のタンパク質を用いて同様の方法が適用可能であるかどうかを検証することを試みた．スキャフォードとしては，インスリン様成長因子二受容体タンパク質のドメイン 11 (IGF2R-d11) を用いた（図 5.7）[10]．このタンパク質は，GFP と同様に分子内に平行・逆平行 β シートをもち，かつ大きさは GFP の約半分であるという特徴をもつ．そこで上の GFP のときと同様に，平行 β シート部位および逆平行 β シート部位に Aβ の部分配列を挿入したタンパク質 (IGF-KK, IGF-KA) を，それぞれ設計した．

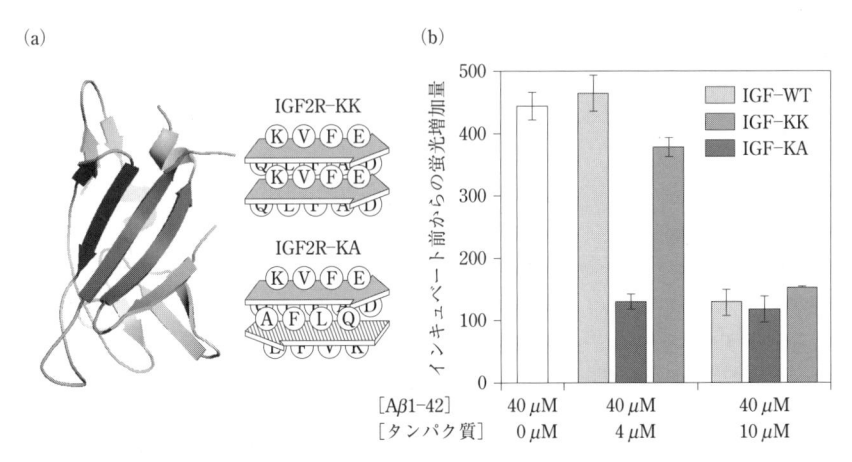

図 5.7 (a) IGF2R-d11 の構造と導入した Aβ 配列の模式図．(b) 設計した IGF 変異体による Aβ1-42 のアミロイド線維形成阻害の結果．[Aβ1-42]＝40 μM，[タンパク質]＝4 μM または 10 μM で，37℃，24 時間インキュベーション後に ThT により蛍光測定．

設計した IGF-KK および IGF-KA，比較として野生型 (IGF-WT) を用いて，Aβ1-42 のアミロイド線維形成の阻害効果を検討した．結果，IGF-KK が Aβ1-42 の線維化を強く阻害することが明らかとなった．またこの系においては，野生型の IGF-WT もある程度 Aβ と相互作用し，IGF-KK には劣るものの Aβ の線維形成を阻害することが示唆された．このように，表面に β シートをもつタンパク質の中には，Aβ のように β シート構造をとって集合化するタンパク質を結合しやすいものがあると考えられ，そのようなタンパク質群を見つけ出すことも興味深い研究対象になると考えられる．

5.5 おわりに

ここでは，アルツハイマー病発症に関与しているAβを題材とし，Aβに結合する人工ペプチド・タンパク質設計，およびそれを用いたAβの線維形成促進や阻害について行ってきた研究について紹介した．筆者らのアプローチから，Aβの配列情報を利用することで，Aβに結合するペプチドやタンパク質を合理的に設計できることが期待される．このような手法は，他のアミロイド性タンパク質においても適用可能であると考えられる．また合理的設計法の利点としては，その相互作用の特異性などから，Aβなどのアミロイド性タンパク質の集合体形成の機構を明らかにするためのヒントを与える可能性を秘めている点にある．特に結合する分子を使って調べる手法は，個体や細胞内での検証もできうるものであり，まだ不明な点が多い *in vivo* でのアミロイド性タンパク質の集合体形成と毒性発現の機構を明らかにできれば，真の意味でアミロイドをはかることが将来的にできるものと期待される．

引用文献

1) 井原康夫編，アルツハイマー病の新しい展開，羊土社(1999)
2) D.J. Selkoe, *Nat. Cell. Biol.*, **6**, 1054-1061(2004)
3) J.R. Silveira, G.J. Raymond, A.G. Hughson, R.E. Race, V.L. Sim, S.F. Hayes, B. Caughey, *Nature*, **437**, 257-261(2005)
4) J. Sato, T. Takahashi, H. Ohshima, S. Matsumura, H. Mihara, *Chem. Eur. J.*, **13**, 7745-7752(2007)
5) C. Hock, U. Konietzko, A. Papassotiropoulos, A. Wollmer, J. Streffer, R.C. von Rotz, G. Davey, E. Moritz, R.M. Nitsch, *Nat. Med.*, **8**, 1270-1275(2002)
6) T. Takahashi, K. Ohta, H. Mihara, *Chem. Bio. Chem.*, **8**, 985-988(2007)
7) M. Zimmer, *Chem. Rev.*, **102**, 759-781(2002)
8) A.T. Petkova, W.-M. Yau, R. Tycko, *Biochemistry*, **45**, 498-512(2006)
9) A. Petkova, G. Buntkowsky, F. Dyda, R.D. Leapman, W.-M. Yau, R. Tycko, *J. Mol. Biol.*, **335**, 247-260(2004)
10) J. Brown, R.M. Esnouf, M.A. Jones, J. Linnell, K. Harlos, A.B. Hassan, E.Y. Jones, *EMBO J.*, **21**, 1054-1062(2002)

II編　酵素・タンパク質をとらえる

　II編では,「酵素・タンパク質をとらえる」手法について解説する．原子間力顕微鏡(AFM)や光学顕微鏡により,タンパク質を観測・計測する技術や,計算科学により酵素の構造や機能を予測する手法である．

　6章と7章では,タンパク質や細胞中のタンパク質を原子レベルで計測しとらえることのできる,AFM技術の基礎と応用例について解説する．AFMは,一分子のタンパク質立体構造の強度の計測,タンパク質-リガンド分子間相互作用の計測,細胞の接着力の測定や,細胞上のタンパク質を力学的な方法で可視化することもできる有用な機器・技術である．

　8章では,細胞分裂を始めると速やかに生成し,細胞分裂を終えると消滅してしまう細胞骨格タンパク質の挙動を,光学顕微鏡により観測し,細胞内のタンパク質の形態や移動をとらえる手法について解説する．

　9章では,コンピューターを利用する計算科学により,タンパク質の立体構造や酵素の機能部位を予測する方法について解説する．タンパク質や酵素の立体構造を予測する方法は,バイオインフォマティクスの重要な手法である．

6 原子間力顕微鏡でタンパク質をとらえる

6.1 はじめに

 原子間力顕微鏡(atomic force microscope, AFM)は, 真空中や空気中だけではなく溶液中での測定が可能なことから, 生きた細胞や溶液中でのタンパク質の測定など, 生物試料への応用が盛んに行われている. AFM の探針を抗体やリガンドで修飾することにより, 試料表面の抗原や受容体の分布, さらに抗原-抗体やリガンド-受容体の結合を引き離すのに必要な力を, 溶液中で測定することが可能である. ここでは, 生体分子間相互作用を測定し, タンパク質などの目的とする生体分子を, AFM を用いて検出する方法を紹介する.

6.2 走査型プローブ顕微鏡

 走査型プローブ顕微鏡(scanning probe microscope, SPM)の発明は, ナノメートルスケールを対象とした新しい研究分野を開発してきた. SPM の基本原理は, 試料表面と相互作用をもつ探針を用いて, 試料表面の近距離を走査することにより試料を反映する情報を探針により探知し, その情報をコンピューターグラフィックスによって再現するというものである. SPM には走査型トンネル顕微鏡(scanning tunneling microscope, STM), AFM, 走査型キャパシタンス顕微鏡, 電気力顕微鏡, 磁気力顕微鏡などがある. 最初に開発された SPM は STM で, 1982 年に IBM チューリッヒ研究所の Binning と Rohrer によって発明された[1]. 彼らは, この功績により 1986 年にノーベル物理学賞を受賞している. STM は, 探針と試料間のトンネル電流を一定に制御しながら走査する顕微鏡であり, 探針の動きを記録することで, 試料表面の電荷密度の等しい面を三次元的に記録する. STM の分解能は非常に高く, 原子レベルでの表

面解析が可能である．1986 年には Binnig，Quate，Gerber らが，STM を応用することによって AFM を発明した[2]．AFM は，試料表面と探針間に働く原子間力を一定にしながら試料表面を走査する顕微鏡である．ただし，実際の走査時においては必ずしも原子間力を探知しているわけではないので，分子間力顕微鏡や SFM (scanning force microscope) ともよばれている．AFM の有利な点は，STM が試料表面の電気伝導性を必要とするのに対して，AFM は試料表面の電気伝導性を必要としない点である．そのため，生理的な溶液中で DNA やタンパク質といった微小な試料を，高い解像度で観察することが可能である[3〜6]．

図 6.1 に，AFM の簡単な原理を示す．カンチレバー背面に照射されたレーザーは，カンチレバー背面で反射して四分割フォトダイオード検出器に入射し，カンチレバーの変位はレーザーのフォト検出器入射位置によって検知される．AFM はカンチレバー

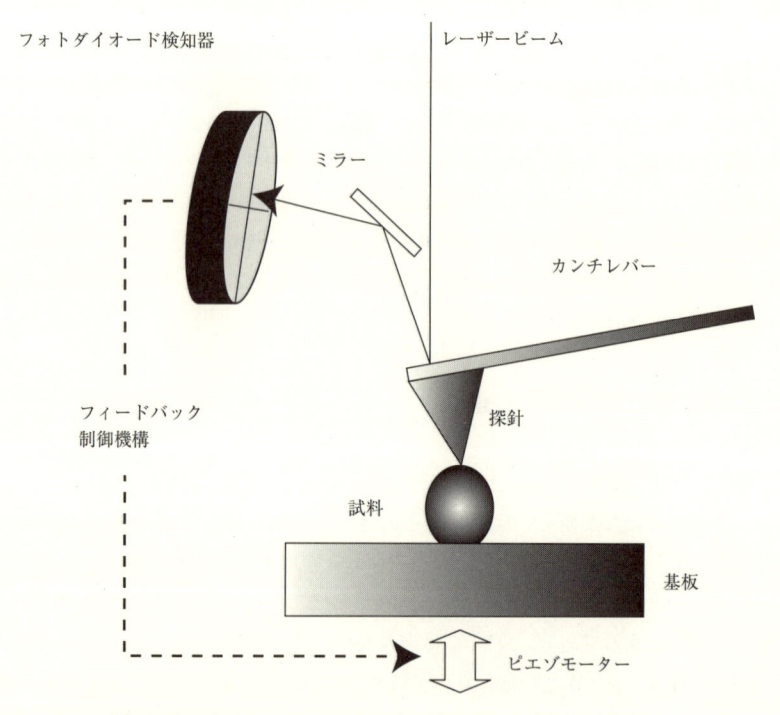

図 6.1 AFM の動作原理．AFM は，カンチレバーとよばれる薄い板ばねの先端にピラミッド型の探針をつけたプローブで，試料を押したり引いたりする．試料台をピエゾモーターで上方に動かしていき，試料と探針が接触すると探針が上に押し上げられ，カンチレバーが上方に反る．この反りの角度を，カンチレバー背面に当てたレーザービームの反射方向の違いとして検知し，反りの変位量とカンチレバーのバネ定数を掛けて，試料に印加される張力あるいは圧縮力を知る．カンチレバーの変位量を一定に保つようにフィードバック制御機構を働かせて，試料台を上下することにより試料の凹凸を映像化することもできる．

の変位を検知すると，探針と試料間に働く力を一定に保つようにフィードバック制御し，カンチレバーの変位を減らす方向にピエゾスキャナーを上下させる．つまり，カンチレバーの振れ角が一定となる制御のもとで試料表面の走査を行う．これは，探針に働く力を一定にしながら表面を走査することであり，表面の等ポテンシャル面を走査することを意味している．

AFM の測定方法は，おもに4つのモードからなっている．

第一に，最も一般的に用いられているのはコンタクトモードで，実際に探針が基板表面に接触しながら走査し，この探針の変位をレーザーによって測定する．この値をフィードバック制御し，生体試料の凹凸を画像化する．そのフィードバックの仕組みは次のとおりである．検出器を上下に二分割し，最初は上下の受光量に差がないようセットする．走査開始後，試料に出っ張り（もしくは凹み）があったとき，カンチレバーは反る（たわむ）．すると検出器の照射位置が変わるため，上下検出器の受光量に差が生じる．そこでフィードバック回路が働き，上下の受光量に差がなくなるようピエゾスキャナーに電圧を加える．ピエゾスキャナーは縮み（伸び），その結果，カンチレバーの反り（たわみ）がなくなるので，検出器照射位置はもとに戻る．このようにして，試料へ加える圧力を一定に保ったまま走査をすることができる．

第二の使い方として，ノンコンタクトモードがある．これは試料のある基板表面に接触せずに走査し，基板表面の試料と探針との間に働く原子間力などの力を探針の変位から測定して，画像化するものである．ノンコンタクトモードは原子レベルの解像度があるが，真空中や極低温などの生体試料に適さない条件を必要とするため，生体試料の観察にはあまり用いられていない．

第三に，カンチレバーを高速で振動させながら試料表面を走査するタッピングモードがある．タッピングモードとは，ピエゾ加振器を用いてカンチレバーを共振周波数付近で振動させ，試料表面を軽く叩くようにしながら表面画像を得る測定モードである．ここでいうピエゾ加振器は，ピエゾスキャナーとは異なり，カンチレバーを振動させるためだけの専用の小さなピエゾ素子をさす．コンタクトモードと比べて試料表面にかかる力が小さいため，とくに生物試料のような柔らかく，摩擦が大きなものを画像化するのに適している．タッピングモードにおけるフィードバックの仕組みは，次のとおりである．最初にある一定の振幅になるよう準備をしておき，検出器を上下に二分割し，それぞれにレーザーが当たるようセットする．タッピングモードではカンチレバーが振動しているので，検出器上のレーザースポットは線状になるからである．走査開始後，試料に出っ張りがあったとき，振幅が小さくなる．そのとき，検出器の照射範囲が変わるため，振幅の変化を感じとることができる．そこでフィードバック回路が働き，振幅がもとの値になるようピエゾスキャナーに電圧を加える．ピエゾ

スキャナーは縮み，その結果，振幅はもとに戻る．このようにして，振幅を一定に保ったまま，試料表面上を叩きながら走査をすることができる．

最後に，本研究でも用いているフォースカーブモードがある．AFMの試料台の動きはピエゾ素子という圧電素子により制御されており，この試料台の動きを横軸にとる．試料台の動きに対するレーザーによって測定される探針の変位を多点測定する．この値にバネ定数を掛けて力に変換した値を縦軸にとってグラフにしたものが，フォースカーブである．

6.3　フォースカーブ

AFMは，試料表面の画像化を目的として開発された装置であるが，非常に鋭利な探針で直接試料に接触することができるという特性を生かして，試料表面の力学的性質を評価する装置として用いられている．このとき，前述のフォースカーブモードにより，試料表面の局所的な点の力学的評価を得ることができる．フォースカーブを得るには，次のようにAFMを操作する．カンチレバーの先端の探針を試料表面に近づけていくと，探針は試料と接触する．ここで，フィードバック制御をかけずにさらに探針を下方向に押し込むと，カンチレバーは試料によって押し上げられ，上方に変位する．任意の量まで探針を押し込んだのちに，今度はカンチレバーを試料表面から引き離していく．この際に，試料表面と探針間になんらかの吸着力が働くと，カンチレバーは下方に変位する．やがて，カンチレバーの復元力が吸着力に勝ると，カンチレバーの変位はもとの状態に戻る．このように，動くカンチレバーの変位を縦軸にとり，横軸に試料に対する探針のZ軸方向の相対位置をとってプロットしたものを，フォースカーブとよぶ．

フォースカーブの概略図を図6.2に表す．横軸は垂直方向のZピエゾの動きであり，縦軸はカンチレバーのたわみを表す．まず試料と探針を近づけていく（図6.2①）．その後，試料と接触した点で，カンチレバーは反るので縦軸プラスに移動していく（同②）．このとき，試料の硬さによってフォースカーブの挙動は異なる．試料がガラス基盤のように十分硬ければ，ピエゾと同じような動きになるので，図6.2②は45°の直線となる．しかし柔らかい場合は，まず試料がたわむので探針の動きはピエゾの動きよりも小さくなり，十分に押し込んでいくに従って試料がたわまなくなるので，先ほどのガラス基盤のような直線に近づいていく．接触面積によってもこの押し込みによる曲線は変化するが，これから試料の硬さを知ることもできる．次に試料を離していく（同③）．試料と探針間に相互作用がなければ，先ほどの接触点からは探針のたわみはなくなるのでY軸の値は0となる．しかし，相互作用があるときは下側に引っ張られるために，

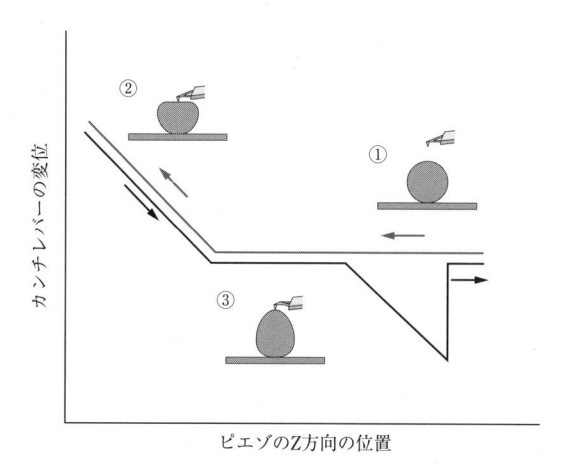

図 6.2　フォースカーブの模式図.

フォースカーブはマイナスのたわみとなる．その後，相互作用がなくなった点からはY軸の値は0となる．

試料の伸びと試料にかかった力を用いて，フォース・ディスタンスカーブとして表すことができる(図 6.3)．この曲線の形などから，試料を分析することができる．

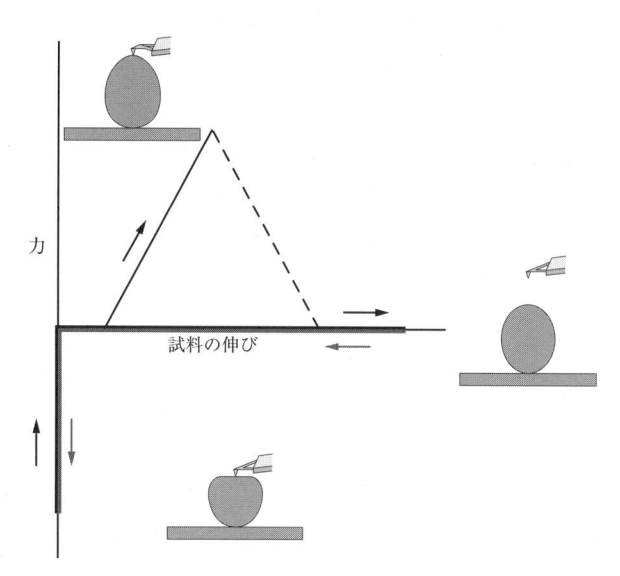

図 6.3　フォース・ディスタンスカーブの模式図.

6.4 生体分子間相互作用の測定

受容体-リガンド間,抗体-抗原間,レクチン-糖などにみられる生体分子間の相互作用は,静電的相互作用,ファンデルワールス力,水素結合あるいは疎水的相互作用といった複数の非共有結合により形成され,それらが特異的で親和性の高い生体分子相互作用の源となっている.このような生体分子間相互作用は,平衡定数,解離定数やそれらより導出される自由エネルギー,エンタルピー,エントロピーといった熱力学的諸量によって表現することができる.しかし,AFMをはじめとする計測機器の開発により,分子相互作用の直接的な力測定が可能となった.とくにAFMは,ピコニュートン範囲での力測定を生理的環境下で行うことができるため,新しい生体分子間力測定機器として脚光を浴びている.AFMによる力測定は,おもに精製した生体分子どうしを探針と基盤に結合させることにより行うことができる.たとえば,探針に抗体を結合させれば,基盤上にある抗原との相互作用を測定できる.抗体の結合した探針をAFMに取り付け,溶液中で抗原のついた基盤表面に接触させる.カンチレバー先端についている探針は上下に動いており,下に降りたとき,抗体が認識する抗原が試料表面に存在すれば抗原-抗体間で比較の弱い結合ができ,探針が上がるとき,この結合が切れるまで引っ張られてカンチレバーは下にたわむ.カンチレバー変位にカンチレバーのバネ定数を掛けてやれば,力として測定できる.

さらに,基盤に生きた細胞をおき,探針に精製したリガンドを結合させることにより,細胞表面の受容体とリガンド間の力測定を行うことも可能である[7].フォースカーブ測定を,一点だけでなくある範囲にわたって多点測定することにより,フォースマッピングを得ることができる.分子間力が確認された部位をマッピングすることにより,細胞表面の受容体の分布や数の計測も可能である[8,9].

鋤鼻(じょび)上皮の微絨毛に特異的に結合するレクチンを用いて,フォースマッピ

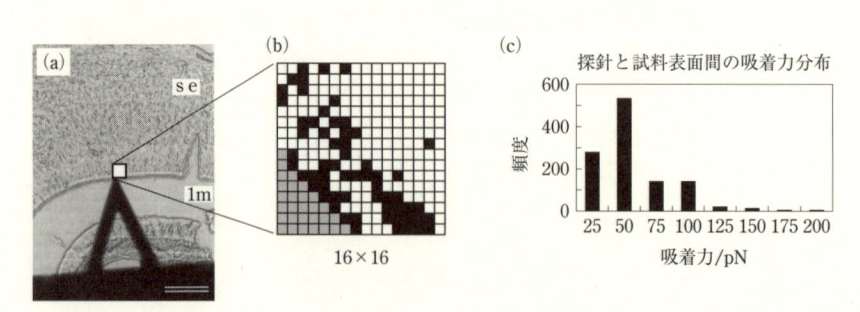

図6.4 鋤鼻上皮でのフォースマッピング.

ングを行った結果を，図6.4に示す．レクチンはVVA(*Vicia villosa* アグルチニン)というタンパク質で，末端がN-アセチルガラクトサミンを含む糖鎖を認識する．微絨毛特異的に結合するレクチンを用いるのは，微絨毛にフェロモンを認識する受容体が存在していると考えられているからである．縦横10 μmの走査範囲内の256点(16×16)で，フォースカーブを測定している(図6.4(b))．白い部分は吸着力がないフォースカーブが記録されたところで，黒い部分は吸着力のあるフォースカーブが観察された部分を示している．黒い部分では，N-アセチルガラクトサミンとレクチンが相互作用したことを示している．黒い部分は帯状に分布しており，この帯の幅はほぼ微絨毛の長さに対応していることから，微絨毛とその基底部にあたる鋤鼻神経細胞の樹状突起先端のノブに，N-アセチルガラクトサミンが分布しているものと思われる．鋤鼻上皮上の他の部分，たとえば支持細胞層や鋤鼻神経細胞の細胞体上をフォースマッピングしたときには，このような吸着はほとんどみられない．これらの結果は，蛍光ラベルしたレクチンで切片を観測した結果と一致している．灰色の部分は鋤鼻腔の部分にあたり，探針が試料表面に届かないことから，ほぼフラットな特徴的なフォースカーブが観察される．さらに高解像度のフォースマッピングが必要であれば，走査範囲を1 μm，0.1 μmという具合に狭めることも可能である．

　図6.4(c)は，吸着力が観察されたフォースカーブから吸着力を計算し，頻度分布を調べたものである．VVAと糖を引き離すのに必要な力は，約50 pNであることがわかる．今回の実験で観察されたフォースカーブが，実際に糖とレクチンの相互作用を反映しているかどうかを調べるため，競合実験を行った．まず，吸着力のあるフォースカーブがたくさん出るところを見つけてフォースマッピングを行い，次にN-アセチルガラクトサミンを溶液中に加えた．その後，同じ場所で再びフォースマッピングを行ってみると，吸着力のあるフォースカーブはほとんど観測されなくなった．さらに，溶液中の糖を取り除き，切片と探針をよく洗浄したのちフォースマッピングを行うと，吸着力のあるフォースカーブが再び観測されるようになったことから，この実験では糖とレクチンの相互作用を調べているものと考えられる．

6.5　細胞接着力測定

　細胞接着性や広い範囲で相互作用を調べるには，通常の探針は接触面積が小さすぎる．このような場合は，タンパク質などの修飾が容易なカルボキシル基が表面にある直径が約10 μmのポリスチレン製ビーズを，カンチレバーに取り付けて，これを探針として用いることができる．

　吸着力をきちんと測定する場合には，一分子間の相互作用力を測定するような工夫

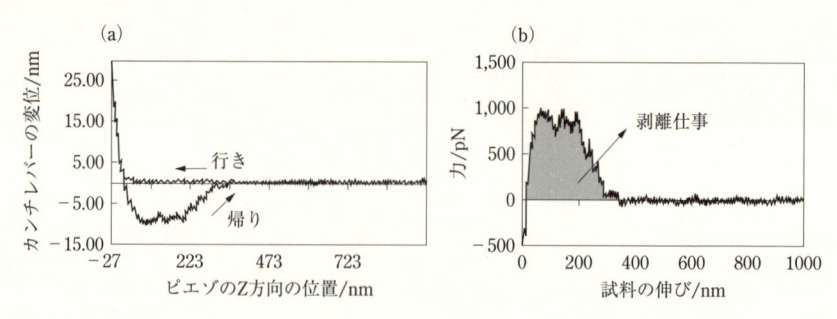

図 6.5 AFM プローブとしてビーズを用いる細胞接着力測定でのフォースカーブデータから，フォース・ディスタンスカーブへの変換例．

を行う．探針と試料表面に1分子ずつ分子を結合させて測定できれば理想的だが，実際問題としてそれは非常にたいへんなので，探針と試料表面の分子の密度を調節して，吸着のあるフォースカーブの出る頻度を20～30％以下になるような条件で測定する．また，フォースカーブの形からもある程度の判断が可能である．これとは反対に，細胞接着力測定などを行う場合では，通常の探針では接触面積が小さすぎる．接触面積を大きくする場合には，AFM カンチレバー先端に直径約 10 μm のポリスチレン製微小球を取り付けて，接触面積を増やしたうえで細胞接着力測定を行う[10~13]．多分子どうしの相互作用を調べる場合は，通常のフォースカーブの解析で使う相互作用力自体をパラメーターとして用いることはむずかしい．これは，相互作用している分子どうしが一斉に解離するのではなく，少しの分子ずつじわじわと離れるので，図 6.5(a) にみるように，接着力に対応するフォースカーブのヒステリシス部分が複雑な形をしている．そのため，接触面積部分全体の接着力を算出するのは困難である．

このような場合には，剥離仕事（separation work）をパラメーターとして用いると便利である．その方法は図 6.5(b) に示すように，まずフォースカーブのうち，試料から離れていくほうをフォース・エクステンションカーブに直し，そのグラフ中のヒステリシス部分の面積を求める．この面積は，エネルギーの次元をもつ量である．

6.6 おわりに

最先端ナノプローブ技術による定量測定は，生体分子検出において不可欠な技術となろう．1つの大きな可能性は，プロテインチップを用いる検出・診断のための測定そのものに，ナノプローブ技術を用いることである．網羅的に相互作用を定量的に調べることができるため，たとえば匂い物質を探針に修飾することにより，匂い受容体の分布や両者間の結合力を見積もることができる．ヒトでは 387 種類の匂い受容体が，

またマウスでは1000種類以上の受容体がある．1つ1つの匂い分子について，どの受容体と相互作用するかを定量的に測定していけば，匂いの受容に関する研究が飛躍的に進歩し，食品評価などでも客観的な評価が可能となる．嗅覚受容体は複数の匂い分子を認識し，匂い分子も複数の嗅覚受容体で認識される．いわゆる多対多対応で，1種類の匂い分子に活性化された受容体の組合せで，匂いの識別が行われる．匂い分子は100万種以上といわれており，すべての相互作用を調べるには，マウスでは10億とおりの相互作用を測定する必要がある．そこで，相互作用力の可視化に威力を発揮しているAFMを用いて，網羅的に匂いや味とその受容体の相互作用を行うことは，非常に重要である[14]．

また，原理的には一分子どうし間の相互作用を検出可能なことから，タンパク質の高感度検出法として期待ができる．ELISA法(3.2節参照)やウエスタンブロット法の際に，AFMの探針に抗体を修飾することにより，微量のタンパク質分子の特異的な検出が可能となろう．

引用文献

1) G. Binnig, C.F. Quate, C.H. Gerber, E. Weibel, *Phys. Rev. Lett.*, **49**, 57-61(1982)
2) G. Binnig, H. Rohrer, C.H. Gerber, *Phys. Rev. Lett.*, **56**, 930-933(1986)
3) C.J. Bustamante, J. Vesenka, C.L. Tang, W. Rees, M. Guthold, R. Keller, *Biochemistry*, **31**, 22-26(1992)
4) A. Ikai, *World of Nano-Biomechanics: Mechanical Imaging and Measurements by Atomic Force Microscopy*, Elsevier Science(2007)
5) A. Ikai, K. Yoshimura, F. Arisaka, A. Ritani, K. Imai, *FEBS Lett.*, **326**, 39-41(1993)
6) T. Osada, H. Arakawa, M. Ichikawa, A. Ikai, *J. Microsc.*, **189**, 43-49(1998)
7) T. Osada, A. Itoh, A. Ikai, *Ultramicroscopy*, **97**, 353-357(2003)
8) T. Osada, S. Takezawa, A. Itoh, H. Arakawa, M. Ichikawa, A. Ikai, *Chem. Senses*, **24**, 1-6 (1999)
9) H. Kim, F. Asgari, M. Kato-Negishi, S. Ohkura, H. Okamura, H. Arakawa, T. Osada, M. Ichikawa, A. Ikai, *Colloids Surf. B*, **61**, 311-314(2008)
10) H. Kim, H. Arakawa, T. Osada, A. Ikai, *Colloids Surf. B Biointerfaces*, **25**, 33-43(2002)
11) H. Kim, H. Arakawa, T. Osada, A. Ikai, *Appl. Surf. Sci.*, **188**, 493-498(2002)
12) H. Kim, H. Arakawa, T. Osada, A. Ikai, *Ultramicroscopy*, **97**, 359-363(2003)
13) H. Kim, H. Arakawa, N. Hatae, Y. Sugimoto, O. Matsumoto, T. Osada, A. Ichikawa, A. Ikai, *Ultramicroscopy*, **106**, 652-662(2006)
14) 長田俊哉, 市川眞澄, 猪飼篤編, フェロモン受容に関わる神経系, 森北出版(2007)

7 力学的操作でタンパク質・細胞をとらえる

7.1 はじめに

　生化学や分子生物学の分野では分子間相互作用の研究が盛んである．タンパク質とタンパク質，DNAとタンパク質，RNAとDNA，多糖類とタンパク質，脂質膜とタンパク質というように，相互作用の中核をなすのはタンパク質である場合が圧倒的に多い．生体内の情報伝達は分子の結合を通じて行われるので，分子間相互作用の強さ，特異性，反応速度は，生体にとりきわめて重要な因子となっている．タンパク質1つをとってみても，その構造は高分子といいながらいわゆるランダムコイルではなく，分子内のセグメント間相互作用によりある一定の形を保っている．この形の一部に情報伝達を旨とするリガンドが取り付くと，タンパク質の構造に変化が起こり，その変化は力学的な構造変化として，リガンド結合部位から離れた部位まで伝わっていく．このような情報伝達の精度を高めるには，タンパク質の構造は硬いほうがよい．柔らかい構造だと，その中を情報が伝わっていくうちに散逸して雲散霧消してしまう．だからといって，ひどく硬い構造では，情報伝達のための構造変化を起こすのに大きなエネルギーを消費し，さらには構造変化が不可逆的になり，同じ分子を二度と使えなくなる．では，多くの機能をもつタンパク質のそれぞれに適した分子の硬さというものがあるとすれば，それはどの程度の硬さなのだろうか．またその硬さは，リガンド結合によりどの程度変化するものだろうか．

　このような疑問に答えるためには，単一分子ペア間の結合力を直接測定する必要がある．その目的をある程度満足する機器として，原子間力顕微鏡(atomic force microscope, AFM)が登場してきた(6章参照)．AFMは結合力を測定するだけでなく，タンパク質やDNAを力学的な方法で可視化することもできる便利な機器である[1]．原子間力顕微鏡の動作原理は，6章の図6.1を参照されたい．

7.2 タンパク質構造情報の利用

タンパク質分子の立体構造解明の進行とともに，得られた構造データを利用してタンパク質の性質をさらに詳細に知ろうという研究が，盛んになりつつある．このような研究は，タンパク質の折りたたみ問題をはじめとして，受容体や抗体とリガンドの結合様式，酵素反応の精密解析，タンパク質と直接相互作用する医薬の開発，タンパク質分子のナノテクノロジー利用など，この後のタンパク質研究をリードする多くの分野に広がりつつある．分子レベルでの生命情報の伝達は，おおかたタンパク質やタンパク質複合体の力学的変形を通して行われることを思えば，これまでに蓄積されてきた，あるいは今後蓄積されていく構造情報を，物性解析に利用する方法論の開発が盛んになるであろう．これらの情報を利用して，タンパク質分子間の相互作用や人工細胞操作について理論的に考察できる日が来るまでには，単一分子レベルでの相互作用機構の数値的解明が不可欠である．リガンドと受容体の結合力の理論的な解明をめざすためにも，その結合を人為的に破壊する機構を実験的に理解し，計算機シミュレーションにより再現する研究を深めていく必要がある．しかし，結合ペア間の相互作用力を測定するには単一分子レベルの測定をする必要があり，特殊な装置を用いるいくつかの先駆的研究はあるものの，一般には測定方法に限界があるという点が難点であった．ここにAFMの発明と改善があり，個々のタンパク質やDNA分子に直接触って引っ張る，圧縮するなどの力学的操作を加えることが可能となり，タンパク質や細胞に対する人工的な操作が可能となってきた．

7.3 単一分子レベルでのタンパク質力学物性測定方法

単一タンパク質分子の硬さや柔らかさ，またリガンド結合による変化などを測定するには，数nmの範囲でタンパク質分子に触れ，これに押す，引くなどの操作ができる機器としてAFMを利用する．AFMは先端曲率半径がおよそ数nmで，全体としては逆ピラミッド型をしたシリコン製の探針でタンパク質を押すことができる．また探針にタンパク質と結合する化学架橋剤や特異的なリガンドを固定しておけば，タンパク質に接触したあとこれを引き伸ばすこともできる．これらの操作を行うためには，測定対象となる分子をガラス，シリコン，雲母など硬い基板の表面に動かないように固定しておく．固定方法としては，自然な吸着反応や架橋剤による強制的固定方法をとるが，自然吸着があまり強いとタンパク質が測定する前から変形している可能性があるので，注意が必要である．タンパク質を引き伸ばす場合は，タンパク質の一部が

共有結合あるいはこれに匹敵する強い力で基板に結合されている必要がある．

　高分子性試料の延伸や圧縮実験をする場合の AFM の使い方と記録されるフォースカーブの模式図を，図 7.1(a) に示す．フォースカーブは，探針・基板間距離を縮めていくアプローチカーブと，試料に探針が接触し，ある程度押しつぶしてから探針-基板間距離を再び増していくリトラクションカーブからなる．探針が試料に接触してからの試料圧縮カーブからは試料の硬さを解析することができ，リトラクションカーブでは，試料の延伸につれて試料内部にある硬さの不均一性が，張力と分子延伸距離の関係(フォース・エクステンションカーブ，F-E カーブ) の勾配の変化として現れてくる．同図で示した実験的に得られる値 D および d は，探針-基板間距離とカンチレバーの変位の大きさである．図 7.1(b) には，フォースカーブで記録される数値から，試料分子の伸び ($E = D - d$) を横軸に，そのとき分子に印加されている張力 ($F = kd$, k はカンチレバーのバネ定数) を縦軸に目盛って，このフォース・エクステンションカーブを概念的に示した．この延伸カーブが突然上に跳ね上がる点で，結合が破断されていると解釈できる．それまで張力を保っていた試料構造は破壊され，カンチレバーが，AFM では短時間の間にバネ力ゼロの位置に戻っているわけである．カンチレバーのこの位置での変位の変化量とバネ定数を掛けると，結合破断力が算出できる．

7.4　リガンド-タンパク質間の相互作用力測定のための準備

7.4.1　タンパク質

　タンパク質間相互作用力の測定のためには，シリコンあるいは窒化シリコン製の探針と基板をシラン化剤で活性化し，これにポリエチレングリコール (PEG) をリンカーとする共有結合性架橋剤を反応させる．タンパク質が，天然にあるいは組換え遺伝子法により特異的な位置に Cys をもつ場合は，-SH 基と反応する架橋剤を用いる．また特異的な位置でタンパク質を固定する必要がない場合は，タンパク質表面に多く存在するアミノ基と反応する架橋剤を用いるとよい．リガンドとの結合中心が架橋剤の結合で損傷を受けないかぎり，PEG をリンカーとする架橋剤を用いれば，相互作用力の測定に支障はない．

7.4.2　架　橋　剤

　タンパク質を基板に固定するために使用する共有結合性架橋剤の例をあげると，
1) -SH 基との反応性をもつもの：SPDP (N-succinimidyl 3-(2-pyridyldithio)-propionate), LC-SPDP (succinimidyl 6-(3-[2-pyridyldithio]-propionamido) hexano-

7.4 リガンド-タンパク質間の相互作用力測定のための準備

(a) AFMの直接出力であるフォースカーブ

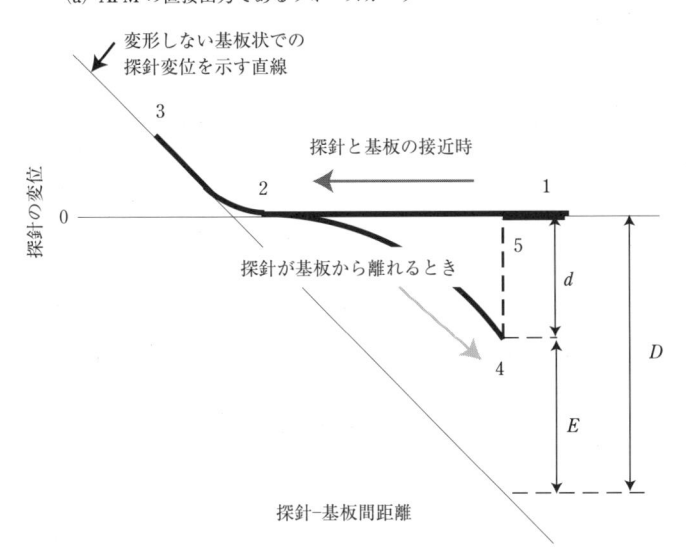

変形しない基板状での
探針変位を示す直線

探針と基板の接近時

探針が基板から離れるとき

探針の変位

探針-基板間距離

(b) 試料の伸びと張力関係を表すフォース・エクステンションカーブまたはフォース・ディスタンスカーブ

張力 /kd

圧縮力

試料の伸び /E

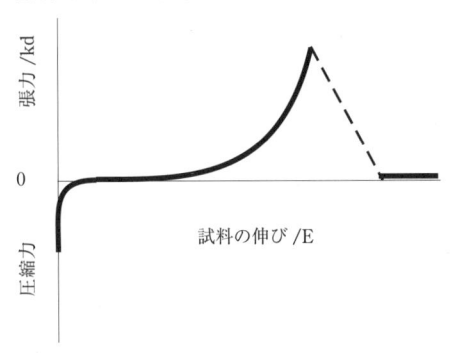

図 7.1 (a)AFM測定から得られるフォースカーブの模式図．図右端1から横軸に沿って探針-基板間距離が縮まっていき，2の位置で探針が試料に触れる．ここから3の位置までさらに探針を押し上げてから，試料台を下げはじめる．縦軸はカンチレバーの変位量を表す．探針と試料の間に相互作用がなければ横軸を逆行するだけだが，相互作用があるとカンチレバーは試料に引っ張られて変位量0の位置を超えて，試料によって異なるカーブを描きながら4の位置まで下方変位し，最後に相互作用にかかわっていた結合が破断されて，カンチレバーは変位量0の位置へ戻る(5)．(b)上で説明したフォースカーブには，試料台の移動距離(D)とカンチレバーの変位量(d)が記録されるので，これらの値から，試料の変形量($E=D-d$)および試料に印加される張力ないしは圧縮力($F=kd$)をプロットし直すと，フォース・エクステンションカーブあるいはフォース・ディスタンスカーブが得られる．kはカンチレバーのバネ定数で，実測により決定する．

ate), sulfo-LC-SPDP(N-succinimidyl 3-(2-pyridyldithio)-propionate). これらはピリジルジチオ部分で-SHと，またスクシニミジル部分でアミノ基と反応する，二価性ヘテロ架橋剤(heterobifunctional crosslinker)である

2) アミノ基との反応性をもつもの：disuccinimidyl suberate(DSS)は両端がともにスクシニミジル基であり，アミノ基と反応する二価性ホモ架橋剤(homobifunctional crosslinker)である

3) カルボキシル基と反応性をもつもの：1-ethyl-3-[3-dimethylaminopropyl]carbodiimide hydrochloride(EDCまたはEDAC)

4) 長いリンカー部分をもつもの：MAL-PEG-NHSエステル

などがよく使用されている．これらの架橋剤について構造式や反応の詳細は，Pierce社のホームページに掲載されている．

7.4.3 基　板

また，タンパク質を固定する基板としては，

1) ガラス：簡易であるが，表面があまり平坦ではないので分子の観察には向いていない

2) 雲母：親水性の表面をもつので，タンパク質などの基板として多用されている

3) シリコン：シリコン結晶の研磨されたウエハーを購入して使用する．空気中にさらされているため表面に有機物がついているので，オゾンクリーナーなどを使って表面を清浄にする

4) 金基板：雲母の新鮮劈開(へきかい，cleavage)面に，SEM用に使う金属原子をスパッターする装置で金を蒸着する．雲母表面に，まずクロムそして金を蒸着すると，水につけてもはがれにくい蒸着面を得ることができる

5) グラファイト：入手しやすいが，疎水性が高い

などが用いられる．タンパク質のように小さな分子の可視化には，表面ができるだけ平坦な基板を用いる必要がある．最もよく用いられるのは雲母であり，雲母の表面に粘着テープをつけてはがすことにより，新鮮な劈開面を出すことができる．グラファイトも劈開により新しい面を出すことができるが，疎水性が強いためタンパク質のような生体分子がうまく吸着しない場合が多いし，架橋剤などを結合するための化学反応性も低い．

7.4.4 探針と基板のシラン化

シリコン，窒化シリコン，雲母，ガラスの表面にある-OH基と反応するシラン化剤を用いると，アミノ基や-SH基で被覆することができる．シリコン表面も空気中

にさらされているので，酸化シリコンの被膜ができている．この作業には，基板をピラニア溶液(H_2SO_4(7)＋31% H_2O_2(3)の混合物)でよく洗ったのち，オゾンクリーナーで処理して清浄に保つ．この表面に，液相あるいは気相法によりシラン化剤を反応させてから清浄水で洗浄する．シラン化剤は，3-アミノプロピルトリエトキシシラン(APTES)，3-メルカプトプロピルトリエトキシシラン(MEPTES)などを用いている．なお，水の存在でシラン化剤間の重合反応が起こったり不活性化するので，よく乾燥した環境に保存する必要がある．

7.4.5 フォースカーブ取得例

PEG をリンカーとする架橋剤を用いると，探針の直下にないタンパク質とリガンドを結合させ，次いで探針と基板を引き離す操作により，両者を引き離すことができる．図 7.1 でみたようなフォースカーブは，はじめのうちは PEG リンカーの伸びを示す低剛性(stiffness)の曲線となり，探針-基板間距離が PEG リンカーの長さに近づくと急激に張力が増大して，ある時点で張力が一挙にほぼゼロの状態に戻る．この最後のカンチレバーのジャンプが，リガンド-タンパク質間相互作用の破壊を表している．このときのカンチレバーの変位量の変化にそのバネ定数を掛けることにより，結合の破断力を測定できる．このような測定を数 100 から数 1000 回繰り返して，破断力の平均値を求める．PEG を使用しない場合は，探針と基盤の間に強い吸着力が働いて，測定しようとする破断力が正しくない値となることが多い．

7.4.6 印加速度依存性

破断力の平均値は，探針-基板間の引き離しがどのくらいの速さで行われたかに依存する．詳しくは速さではなく，どのくらいの速度で張力が印加されたかの対数に依存するので，図 7.2 にみるような，縦軸に各印加速度 r(loading rate)における破断力の最頻値(F^*)，横軸に $\log r$ をとると，一般に直線が得られる[2]．k_B, T, t_0 は，それぞれボルツマン定数，絶対温度，印加力がないときの解離速度定数，である．それらの間の関係式は log を自然対数として式(7.1)のようになるので，

$$F^* = \frac{k_B T}{\Delta x} \log r + \frac{k_B T}{\Delta x} \left(\log t_0 - \log \frac{k_B T}{\Delta x} \right) \tag{7.1}$$

直線の傾きから Δx とよばれる量を得る．この値は，結合の平衡位置から，破断の際に超えるべき活性化エネルギーの山までの距離を表すとされている．直線の傾きが大きい結合は Δx が小さく，反対に傾きが小さい場合は，結合の平衡位置と活性化エネルギーの位置が離れている．反応速度の温度変化から，アレニウスプロットにより活性化エネルギー(山の高さ)が求まり，印加速度依存性からは，活性化エネルギーの山

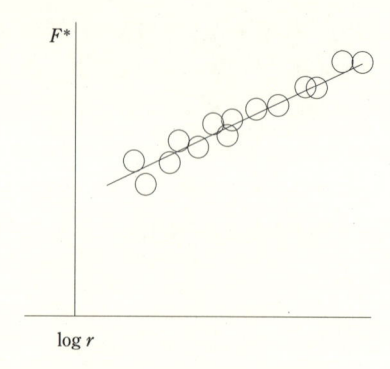

図 7.2 破断力平均値の印加速度依存性.横軸に印加速度の対数をとると直線となり,この直線の傾きから活性化距離 Δx を見積もることができる.

の位置までの距離がわかるという関係にある.また縦軸との切片から t_0 を求める.

7.4.7 実 測 例

このような方法でこれまでに,①抗体–抗原,②ビオチン–アビジン(またはストレプトアビジン),③トランスフェリン–受容体,④レクチン–糖鎖,⑤ DNA–トランスクリプション因子,⑥ DNA 二重鎖,⑦ RGD ペプチド–インテグリン,⑧膜タンパク質–脂質膜,⑨変性タンパク質–シャペロニン,⑩タンパク質サブユニット間結合力測定,のようなペアの相互作用破断力が測定されてきた.

これらの中から,今後の相互作用力測定実験をするうえで示唆に富んだ方法を開発している,⑨変性タンパク質とシャペロニンの力学的相互作用実験を簡単に紹介する[3]. GroEL が機能をもつ中性条件下で,変性状態にあるタンパク質としてペプシンを選んで,これを探針に,一方 GroEL は基板に固定しておく.両者を近づけて結合を作らせたのち引き離すと,図 7.3 に示すような F–E カーブが得られる.このとき,探針が GroEL に触る前に PEG をリンカーとする架橋剤に結合したペプシンが GroEL と相互作用し,この状態から探針が GroEL に接触する前に基板–探針間距離を反転して増大するという技法を使っている.探針が GroEL を押しつぶす前に基板から引き離しているので,曲線の左端は平坦である.この図から F–E カーブの形は,ATP 非存在下ではプラトーをもつが,ATP 存在下では鋭いピーク(点線の位置)となっているという点が異なるが,両者を引き離すに必要な力はおよそ 40〜50 pN と変わらないことがわかる.この結果を,ATP の添加による GroEL のサブユニット間距離の変化によるものと解釈することができる.

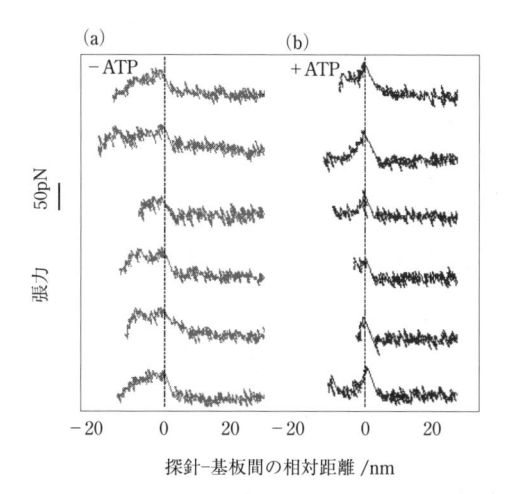

図 7.3　変性タンパク質とシャペロニンの力学的相互作用を測定したフォース・エクステンションカーブ．この実験では変性タンパク質が GroEL に接触し，探針は接触しないうちに引き上げるので GroEL への損傷が少ない．そのため探針と試料が接触してからのカンチレバーの変位は見られておらず，探針に固定した変性タンパク質のみが基板に固定された．GroEL に接触した後探針を引き上げる際の張力が縦軸に，試料の伸びが横軸にプロットされている．ATP のあるなしで張力に変わりはないが，変性タンパク質と GroEL の相互作用距離が変化している．

7.5　タンパク質の圧縮・延伸実験

7.5.1　炭酸デヒドラターゼの延伸・圧縮実験

　単一タンパク質分子を，その両端から引っ張って分子内構造の硬さ分布を測定したり，あるいは圧縮する 1 つの実験例として，ウシ由来の炭酸デヒドラターゼ II (bovine carbonic anhydrase II, BCA II) を試料として，N 末端，C 末端からの引き伸ばしと圧縮実験がある[4,5]．BCA II の両末端には，組換え遺伝子法によりシステイン残基を導入してあり，基板と探針には，このシステイン残基と特異的に反応して共有結合を形成する SPDP (7.4.2 項参照) を架橋剤として導入してある．SPDP をもつシリコン基板にシステイン残基をもつ BCA II を固定し，これに対して同じ架橋剤をもつ探針を接触させる．BCA II の C 末端と N 末端は分子表面の反対側についているので，どちらかが基板に結合されると，探針はその反対側の末端システイン残基に結合する．この

状態から探針-基板間距離を増加していくと，BCA II はその間でしだいに引き伸ばされていき，その延伸長と探針にかかる張力が AFM に記録される．

7.5.2 延伸実験結果

前項のような実験の結果として導かれた結論を，以下にあげる．

1) 256 個のアミノ酸残基からなる天然の BCA II は図 7.4(a) に示すように，C 末端が N 末端側と 3 回交差しており，いわゆるプソイドノット (pseudo knot) 構造をもつが，これを両端から引っ張ると，図 7.4(b) にみるように，全長 100 nm 程度まで伸びるべきところが 30～40 nm 以上は伸びない[4]．伸びないというのは，30 nm までは比較的弱い張力で分子長が増しているが，30 nm 付近から急激に張力が増加するにもかかわらず分子長はほとんど伸びないで，1.5 nN 程度以上の張力がかかった段階で共有結合部分が切断されて実験は終わりとなる．これが分子レベルの結び目構造の効果である．

2) そこで，結び目が結ばれないように引っ張れば，タンパク質内部構造の力学物性が測定できると考え，C 末端ではなく，253 残基めのグルタミン残基をシステイン残基に置き換えた変異体タンパク質 (BCA II*) を作って引っ張ってみることにした．このようにして作ったタンパク質は，天然の酵素と同じ程度の酵素活性をもち，結晶解析的にもほぼ天然タンパク質と同じ形をもっていることを確認した．そうすると，タンパク質は図 7.5 に示すように，60～70 nm 程度まで順調に引き伸ばされ，張力が共有結合の耐える限界に達する．張力 (F) と延伸距離 (E) の関係を示す dF/dE は剛性

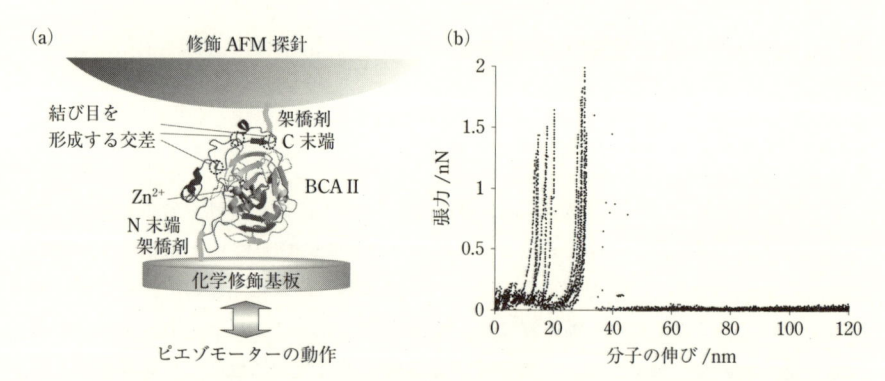

図 7.4 (a) 結び目構造がある BCAII を，AFM により N 末端と C 末端から引っ張る実験の概念図．タンパク質を，探針と基板の両方にシステイン残基を利用した共有結合架橋剤によって固定してから上下に引っ張ると，タンパク質の立体構造が力学的に破壊される際の張力変化が記録できる．(b) 記録された張力対分子の伸びの関係を表す図．タンパク質は 30 nm 付近までは小さい張力で引き伸ばされるが，その後は共有結合が切れるに至るまで伸ばされない，非常に硬いものとなる．この硬さは結び目が締め付けられるためと解釈される．

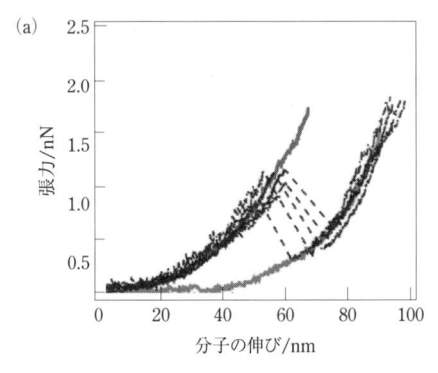

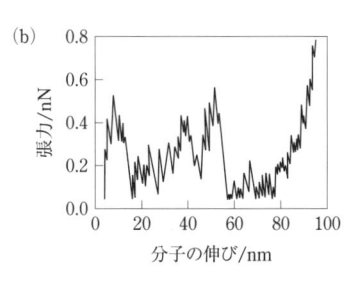

図 7.5 結び目のできない BCA II の延伸曲線．(a) 結び目がある場合と比較して，60 nm 程度までは共有結合を破断することなく伸びる．それ以上伸ばすと共有結合が破断することが多いが，場合によっては柔らかい構造に転移する場合があるのが特徴である．(b) 上記実験を分子動力学により計算機シミュレーションした結果．分子の引っ張りに要する時間には大きな差があるが，分子内に硬い構造が存在し，その破壊に大きな力を要することが再現されている．

(stiffness) とよばれるが，BCA II*の剛性は，これまで同様の方法で調べられてきたタンパク質の中でもかなり大きいほうである．またこのタンパク質は，60～70 nm の延伸の後，急激に構造が破壊され張力がきわめて小さな値に落ちることがある(図 7.5(a))．これは分子内にある硬いコア構造が協力現象的に破壊される現象と考えられ，ガラスが割れるようないわゆる脆(ぜい)性破壊現象と類似すると考えた．その原因を探るため，分子動力学による計算機シミュレーションも行ってみた結果(図 7.5(b))，実験と同じように，分子長の 60～70％程度伸びたのち，急激な分子構造の破壊がみられた[6]．その原因として，分子の中心付近にあって酵素活性を担う亜鉛イオンが 3 個のヒスチジン残基と作る結合，およびこの 3 個のヒスチジン残基を提供している 3 本のストランドからなる β シート構造の破壊に，大きな力が必要であることがわかった．

7.5.3 圧縮実験の結果

BCA II*の圧縮実験も同様の試料を使って行った．共有結合によって基板に固定したタンパク質に対して，原子間力顕微鏡の探針を下ろしていくが，このときタンパク質は視覚化されていないので，フォースカーブはランダムに得ることになる．得られるデータは，図 7.6 に示すような基板上数 nm の範囲でのフォースカーブであり，この部分は押されているタンパク質の硬さによりその形が変わるので，古典的なヘルツ(Herz)モデルないしはその改良型であるタタラ(Tatara)モデルをあてはめることによ

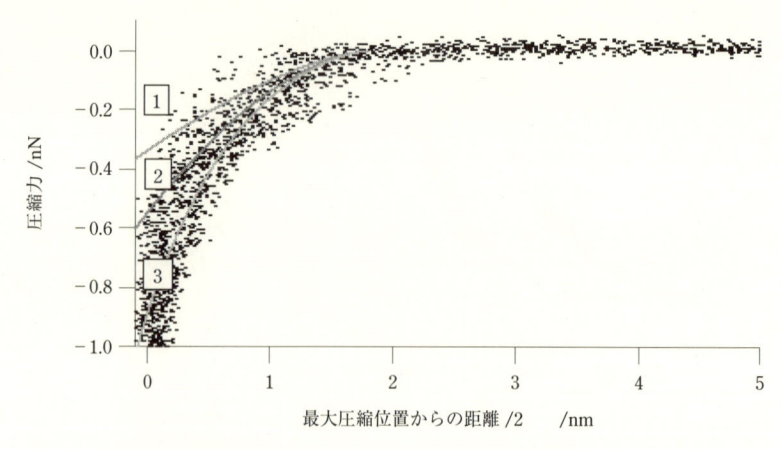

図 7.6 BCA II の圧縮曲線．圧縮部の解析から分子のヤング率相当のパラメーターが得られる．黒の点が実験で得られた圧縮曲線を複数本重ねたものであり，曲線①がヘルツモデルによる近似曲線，曲線②がタタラモデルによる近似曲線，③は指数関数による実験値の当てはめである．

り，物質定数としてのヤング率を得ることができる[5]．その際，もう1つの物質定数であるポアソン比（角材をx方向に変形したときのy, z方向への変形割合）が必要になるが，この値はおよそ0.4〜0.45程度と見積もる．結果として，変性剤のない状態では75 MPa（実験誤差を考えると70〜100 MPa）であり，変性剤を加えていくにつれてしだいに値が小さくなり，6 M変性剤存在下では，ゴムなどの高分子とほぼ対応する2 MPaという低い値を示す．同時に測定される分子の高さは，しだいに増大する（基板上での分子の高さは変性前の分子直径に相当し，変性後は分子の半径に相当する）．

7.6 細胞膜および細胞の力学測定

7.6.1 細胞の硬さ

細胞は，脂質膜でできた袋にタンパク質溶液が詰まった状態にあると考えられているが，局所的にAFM探針で押さえつけて，その硬さをヤング率として測定することができる．その解析にもヘルツモデルを援用する．細胞の硬さそのものが細胞周期によって変化するし，また基板の収縮や伸展によっても変化する．このような測定が精力的に行われはじめており，外的・内的因子の変化による細胞の力学的性質の変化と，その細胞生化学や生理学に及ぼす影響についての興味が高まっている[7]．

また膜タンパク質も，AFMを用いて個々の分子レベルで操作することができる対

象となる．膜タンパク質は，疎水性セグメントを脂質膜に埋め込んだり貫通したりしていて，細胞膜から簡単には離れない．とくに膜貫通型のタンパク質は，界面活性剤で脂質膜を破壊しないかぎり膜からは離れないと考えられているので，膜結合型と遊離型の平衡定数を測定することはむずかしい．それでは，力をかけて膜タンパク質を引き抜いてみたらどうだろうか．そのための実験として，共有結合性架橋剤を固定したAFM探針を細胞膜に接触して膜タンパク質との結合を生成したのち，探針－基板間を引き離すことにした．こうすれば，探針と膜タンパク質は 1.5 nN 以上の力がかからないかぎり離れないので，膜タンパク質と脂質膜の結合破壊に要する力がそれ以下であれば，膜タンパク質が引き抜かれてくる．実験的には，探針が下向きに 0.2～0.5 nN の力で引っ張られた状態で，探針－基板間距離が数 μm 程度まで変化したのち，探針と細胞が一段階で離れる．その例を図 7.7 に示す．探針と細胞が離れる際の破断力が 0.1～0.5 nN 程度であることから，これは共有結合の破壊ではなく非共有結合の破壊であり，その第一の候補は膜タンパク質が脂質膜から引き抜かれてきたという解釈である [8]．膜タンパク質が細胞骨格と結合している可能性も高いが，その場合でも，最終的には膜タンパク質は細胞膜から引き離される．

探針と細胞が離れるまでの数 μm の間に起こっていることは，多くの研究結果を参照すると，脂質膜が管のように伸びていると考えるのが妥当である．細胞やリポソー

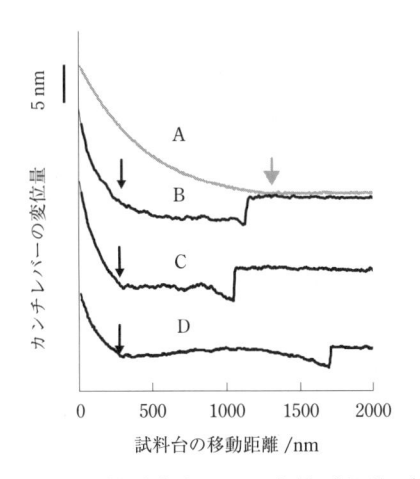

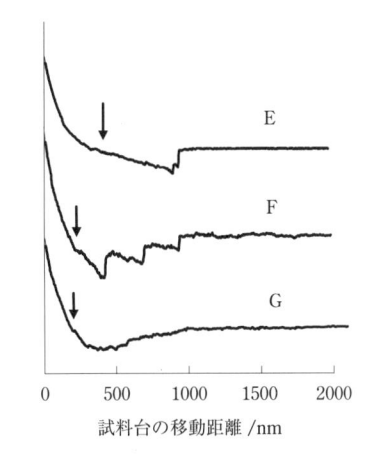

図 7.7 生細胞表面への AFM 探針の押し込み（曲線 A）と引き抜き（曲線 B 以下）の際のフォースカーブ．曲線 A は柔らかい試料への押し込みに特徴的なゆるい曲線となっており，引き抜きでは架橋剤で処理した探針と細胞表面のタンパク質の相互作用がカンチレバーの下方変位として長い距離にわたってみられている．この場合は架橋剤と膜タンパク質の相互作用は共有結合なので，最後の段階状の破断により膜タンパク質が脂質膜から引き抜かれている．

ムの表面にガラス棒や針を吸着させて引っ張ると，細い管状の脂質膜が引き伸ばされてくることが報告されており，一般にはテザー形成(tether formation)とよばれている．この tether は手綱の意味で，脂質二重膜によって囲まれた直径数十 nm 程度の細い管であり，場合によっては数十 μm も伸びてくる．これを伸ばす力は引っ張り速度に依存するが，引っ張りを止めた平衡時の太さと張力の間には，反比例関係があることが示されている．

7.7 おわりに

AFM を用いる微細な研究は，生化学・生物物理学的に数々の興味ある結果を生み出している．さらに今後，分子や細胞の力学的操作によって医学・工学的にどのような生産的貢献ができるかという点が，現状の大きな展開点となっている．

引用文献

1) 日本表面科学会編，ナノテクノロジーのための走査プローブ顕微鏡，pp 198-251，丸善(2003)
2) E. Evans, K. Ritchie, *Biophys J.*, **72**, 1541-1555(1997)
3) H. Sekiguchi, H. Arakawa, H. Taguchi, T. Ito, R. Kokawa, A. Ikai, *Biophys. J.*, **85**, 484-490 (2003)
4) M.T. Alam, T. Yamada, U. Carlsson, A. Ikai, *FEBS Lett.*, **519**, 35-40(2002)
5) R. Afrin, M.T. Alam, A. Ikai, *Protein Sci.*, **14**, 1447-1457(2005)
6) S. Ohta, M.T. Alam, H. Arakawa, A. Ikai, *Biophys. J.*, **87**, 4007-4020(2004)
7) H. Haga, M. Nagayama, K. Kawabata, E. Ito, T. Ushiki, T. Sambongi, *J Electron. Microsc. Tokyo.*, **49**, 473-481(2000)
8) R. Afrin, H. Arakawa, T. Osada, A. Ikai, *Cell Biochem. Biophys.*, **39**, 101-117(2003)
9) A. Ikai, *The World of Nano-Biomechanics*, Elsevier(2007)

8 細胞骨格のタンパク質を とらえる

8.1 はじめに

　細胞骨格は球状のタンパク質が重合して繊維状になったものである．これとモータータンパク質が相互作用して，細胞骨格繊維の滑り運動を起こさせて，細胞の形態を変えたり，細胞骨格繊維上を物質が輸送される．細胞分裂でも，2種類の細胞骨格が核分裂や細胞質分裂を実行する．しかしながら，細胞分裂を始めると細胞骨格繊維は速やかに生成し，細胞分裂を終えると消滅してしまう．これら細胞骨格構造の生成消滅の過程を，光学顕微鏡でとらえる方法について述べる．

8.2 細胞骨格

　細胞内では，さまざまなタンパク質が相互に作用し，いろいろな働きを示す．その1つに，タンパク質分子が重合し，繊維状の構造(細胞骨格)を形成することがある(図8.1)．細胞骨格は細胞の形態を維持することに働く．そして，細胞骨格が変化すると，

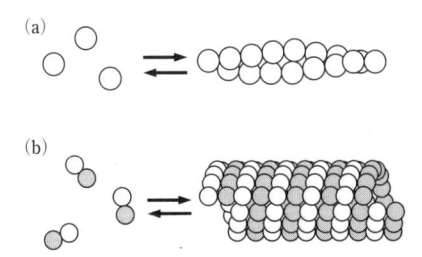

図 8.1　タンパク質分子の重合，脱重合の模式図．(a)アクチン分子がアクチン繊維になる様子を示す．(b)チューブリンのヘテロ二量体が微小管になる様子を示す．

89

細胞の形態も変化する．また，細胞骨格は細胞内でいろいろなものを輸送・分配したり，細胞の移動を起こすような力を発生する．

　細胞骨格をとらえるには，まず細胞内の多種多様なタンパク質分子のうち，特定のタンパク質分子をとらえる必要がある．光学顕微鏡では，タンパク質分子もそれが重合してできた細胞骨格繊維も解像限界以下であるので，一般的には識別できない．しかしながら以下に述べるように，蛍光顕微鏡や偏光顕微鏡を用いると観察できる．

　蛍光顕微鏡では，①蛍光標識した細胞骨格タンパク質やGFP（クラゲの蛍光タンパク質）と細胞骨格タンパク質との融合タンパク質などの改変したタンパク質を用いる方法と，②蛍光抗体や蛍光標識した生理活性物質などの細胞骨格タンパク質に特異的に結合する蛍光物質を用いる方法，とがある．偏光顕微鏡では，細胞骨格繊維が示す複屈折性を利用する．複屈折は，方解石のような結晶を透過して物体を見ると二重に見える現象をいう．複屈折は鉱物などに含まれる結晶などでよくみられる現象なので，偏光顕微鏡は鉱物顕微鏡ともよばれてきた．細胞骨格が示す複屈折は形態複屈折とよばれる．これは，細胞骨格を構成するタンパク質分子そのものが複屈折性を示すのではなく，タンパク質が繊維になって一定方向に並んだ形態から複屈折性が生じることに由来する．それゆえ，高感度の偏光顕微鏡では，細胞骨格繊維の１本からとらえることが可能である．細胞内では，特に一定方向に多数の細胞骨格繊維が並ぶので，細胞骨格構造が明瞭に認められる．図8.2に偏光顕微鏡の光学系を模式的に示す．

　細胞が分裂するときは，細胞骨格を用いて染色体を分配したり（核分裂），細胞を２つにくびれ切ったりする（細胞質分裂）．このうち，核分裂では細胞内部にある分裂装

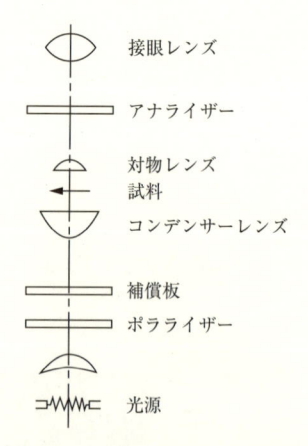

図8.2　偏光顕微鏡の模式的な光路図．通常の光学顕微鏡の光源とコンデンサーレンズの間にポラライザーと補償板を，対物レンズと接眼レンズの間にアナライザーを加えた顕微鏡が，偏光顕微鏡である．

置中の微小管が，細胞質分裂では細胞表層にあるアクチン繊維が，主要な役割を果たしている．これらの細胞骨格構造は，細胞が分裂に入ると多量に生成され，終わるとともに消失するので，細胞骨格タンパク質の重合，脱重合をとらえることは，細胞分裂における運動現象を理解するうえで重要である．ここでは，細胞分裂中に細胞骨格タンパク質が重合したり，脱重合したりする過程をとらえた結果を例として示すことにより，その分析技術を解説する．微小管は偏光顕微鏡で，アクチン繊維は蛍光顕微鏡でとらえる方法をおもに述べる．

8.3 微小管

この節では，細胞分裂が進行するに従い，分裂装置中の微小管量の変化を偏光顕微鏡でとらえた結果を示す．微小管の分布は，抗チューブリン抗体，蛍光標識チューブリンなどを用いて蛍光顕微鏡でも調べることができる[1~4]．しかしながらこの方法では，微小管だけでなくまだ微小管を構成していないチューブリン分子も検出される．一方偏光顕微鏡では，チューブリン分子は検出されず，重合した微小管のみをとらえることができる(8.2節)．また，本研究で用いた高感度の偏光顕微鏡で，微小管のほかアクチン繊維なども観察できる[5~8]．さらに，偏光顕微鏡に電気的に補償量を4種

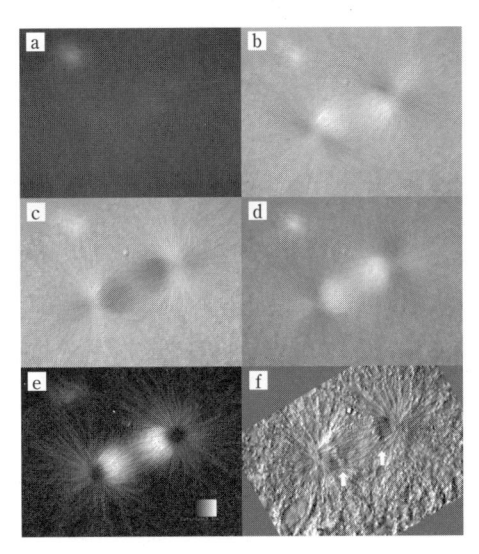

図 8.3 細胞外に単離した後期分裂装置の偏光顕微鏡像の形成過程．a～dは補償板の補償量を4種類に変えて取得したそれぞれの偏光顕微鏡像(これらはそれぞれ従来の偏光顕微鏡像に相当するが，同じ分裂装置でも，補償量によって見え方がかなり異なる)．eはa～dを用いて生成された最終的な偏光顕微鏡像．fは微分干渉顕微鏡像で染色体(白矢印)を示す．

類に変えることができる液晶補償板を取り付け(図8.2参照)，4つの画像を取得し，これらの画像をもとに，最終的な顕微鏡像を再構成する装置を用いる(図8.3)[9]．得られた像では，複屈折量(retardance)が光量に比例し，かつ従来の偏光顕微鏡と異なり，試料を置く方向によらない画像が得られる．

　微小管はチューブリン分子が重合してできた管状の繊維である(図8.1(b)参照)．チューブリンは，αとβのチューブリンがまとまって二量体で行動する分子で，10.5 kD程度，$4 \times 4 \times 8$ nmの大きさである．この13個が直径約25 nmの微小管の管壁を形成している．微小管は繊毛・鞭毛中では長軸方向に存在し，運動を実行する軸糸を形成する．モータータンパク質ダイニンがこれらの微小管の滑り運動を起こして，軸糸の曲げ運動に変換する．微小管は繊毛・鞭毛中では安定で，規則的な運動を支えているが，細胞質中では不安定であることが多い．

　分裂細胞として，ウニ(タコノマクラ，*Clypeaster japonicus*)受精卵を用いた．受精後しばらくして核が消失すると，分裂装置が形成されはじめる(図8.4)．分裂装置は染色体を分配する仕組みである[10]．核内に分散していた染色体は核分裂前中期に赤道方向に運動していき，中期に両極から同じ距離にある赤道面に並び，核分裂後期になると染色分体に分離して，極方向に運動する．生物によっては数十本ある染色体は，いっせいにこれらの運動を行う．これは微小管が染色体と個々に結合して，染色体を押したり引いたりして動かすからである．微小管の上で実際に染色体を動かしているのはモータータンパク質であるが，微小管自体も伸長したり短縮したりしないと，運動できない．この伸長，短縮の過程を偏光顕微鏡でとらえる．

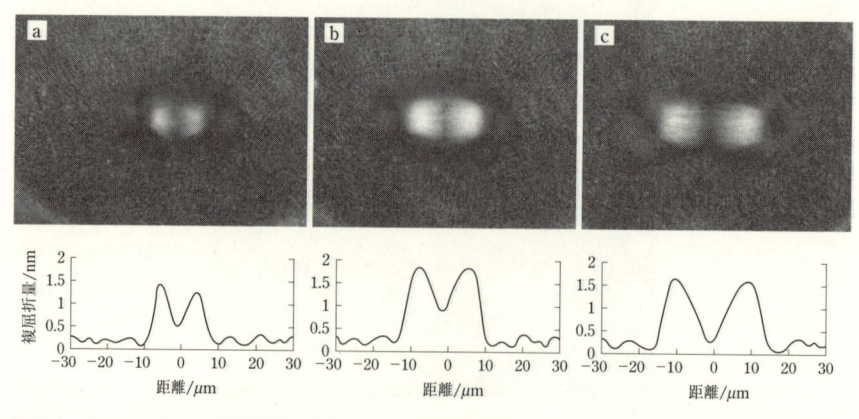

図8.4 タコノマクラの分裂装置の変化．上が偏光顕微鏡像で，下が分裂装置の軸に沿った複屈折量(nm)を示す．左が前期，中が中期，右が後期を示す．それぞれ4分間隔で撮像したものである．1 nmの複屈折量あたり，微小管数は210本μm^{-1}である．この図bの中期分裂装置では，3,300本の微小管と計算された．

分裂装置は紡錘体と2つの星状体からできている．図8.4に示したように，前中期に紡錘体が徐々に大きく明瞭になり，中期には紡錘形がはっきりとする．その後，後期に紡錘体は伸張しつつ，紡錘形がくずれ，赤道面で微小管が減ったことを示した．星状体は後期に大きく明瞭になるが，しばらくすると紡錘体とともに不明瞭になった．この分裂装置は微小管毒コルヒチンなどの処理により消失するので，微小管で構成されていることがわかる．これらの像から複屈折量を示す光量を測定すると，微小管の量を求めることができる．たとえば，図8.4の中期分裂装置の紡錘体横断面の微小管数は3,300本であった．この方法で得られた微小管の数は，電子顕微鏡で計数した結果と一致する．また，微小管の全長を求めることもできて，5 cm程度であることもわかる．

ウニ卵で，分裂装置は中期まで10分ほどかかって生成し，5分程度の後期で消失する．しかしながら，微小管はこの間に何回もできたり消えたりしていることが示されている．このことは，蛍光分子で標識したチューブリンで分裂装置の微小管を構成し，そのあと蛍光を発光させなくする（消光させる）ことにより，回復する時間経過を調べる方法（蛍光消光回復法）でわかる．または，かごめ（籠目）蛍光分子で標識したチューブリンを使って，分裂装置内の微小管の一部に蛍光の目印をつけて調べることもできる．このようにして蛍光顕微鏡で微小管の動態を検出すると，分裂装置が生成消滅するよりずっと速く，分裂装置の微小管は1分以内にできたり消えたりしている[1,2]．

8.4 微小繊維（アクチン繊維）

この節では，アクチン分子が重合してできるアクチン繊維をとらえる方法を示す[11]．アクチン分子の細胞内分布は抗体や蛍光標識タンパク質で調べることができるが，繊維状アクチンの分布は偏光顕微鏡や蛍光ファロイジンを用いて蛍光顕微鏡で調べることができる[1,4,11]．ファロイジンは，キノコのタマゴテングタケの生産する物質である（図8.5）[12]．ファロイジンは単独のアクチン分子には結合せず，アクチン繊維内のアクチンに結合する．蛍光ファロイジンは，蛍光顕微鏡で観察できるようにするため，アクチンに結合する能力を失わないで蛍光を発するように，ファロイジン分子を改変したものである．

アクチン繊維はアクチン分子が重合し，長い繊維状の構造を形成するものである．アクチン分子（Gアクチン）は分子量42 kD程度で，直径約5.5 nmの球状のタンパク質である．これが二重らせん状に重合し，26個の分子で1回転が73 nm，直径約8 nmの繊維（Fアクチン）となる（図8.1(a)）．筋肉では，アクチン繊維は安定で変化

93

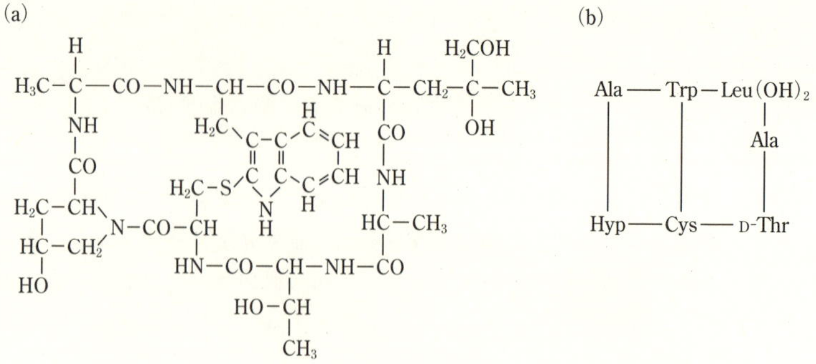

図 8.5 ファロイジン分子の構造．(a)化学構造，(b)アミノ酸の三文字表記．ファロイジンの構造は7つのアミノ酸で構成され，蛍光ファロイジンの蛍光分子はジヒドロキシロイシンの側鎖へ結合されている．Ala：アラニン，Cys：システイン，Hyp：ヒドロキシプロリン，Leu(OH)$_2$：ジヒドロキシロイシン，D-Thr：D型トレオニン，Trp：トリプトファン．

しないが，アメーバ運動などのように細胞が移動するものでは，アクチン繊維はさまざまに変化する．また細胞質分裂では，分裂溝にアクチン繊維ができ，分裂が終了するとアクチン繊維が消える．このとき，分裂溝の細胞膜直下に多数のアクチン繊維が平行に並び，分裂溝を一周するように環状になるので，分裂溝のアクチン繊維構造は収縮環とよばれている．収縮環はいろいろな動物細胞で調べられているが，厚さ約 0.1 μm，幅 10 μm 程度で，直径は細胞の大きさによる．このなかでアクチン繊維とモータータンパク質ミオシンとの間で滑り運動が起こり，収縮力が発生し，分裂溝が進行するに従って，収縮環の直径は徐々に減少する．それゆえ細胞質分裂では，この繊維の形成が収縮力の大きさを示すことになると考えることができ，収縮力を直接測定した結果でもそのことを示している[13]．

例として，イトマキヒトデ(*Asterina pectinifera*)の卵母細胞の減数第一分裂における極体形成過程でのアクチン繊維の測定結果を示す．イトマキヒトデの生物体から卵巣を取り出し，卵巣を切り刻んで卵母細胞を取り出す．このとき，卵母細胞は減数第一分裂前期に停止しているが，ホルモン(1-メチルアデニン)の処理で減数分裂が再開する．核(卵核胞とよばれる)が消失してしばらくすると，分裂装置が形成する．分裂装置は中期までに，動物極の表層にその一方の極で接着する．後期になると，同時に動物極が膨らみはじめ，この膨らみはどんどん高くなって，その裾野にくびれができて第一極体となる(図 8.6)．

この極体形成の過程で，卵母細胞の形態を変化させないように固定したあと，蛍光ファロイジンで染色する．これを蛍光顕微鏡で観察して蛍光像を取得する．この像を

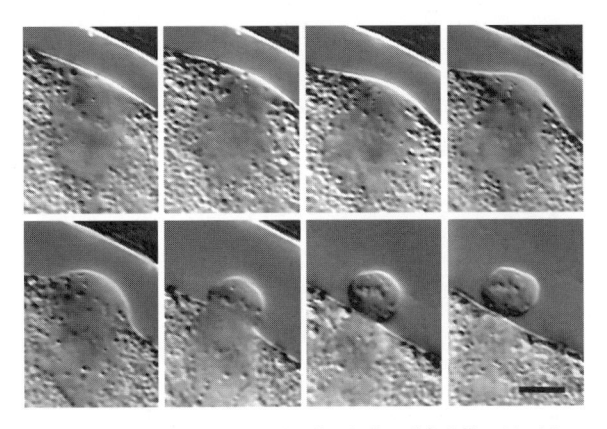

図 8.6 イトマキヒトデ卵母細胞の第一極体の形成過程．それぞれの図は，左上から右下に微分干渉顕微鏡により1分ごとに撮像された．像は動物極付近の一部を示す．スケールは $10\,\mu m$.

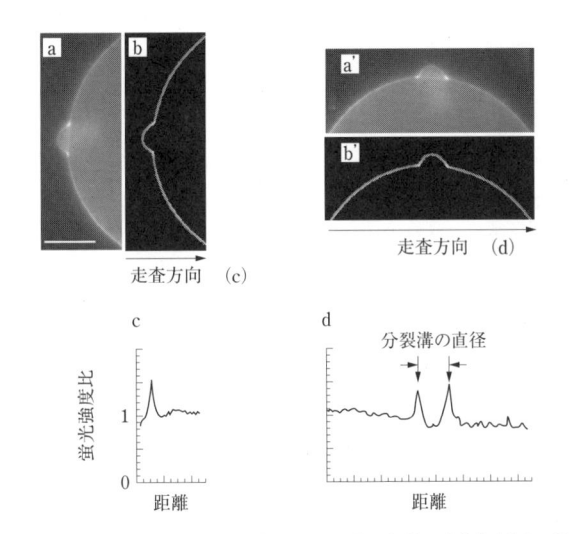

図 8.7 表層におけるアクチン繊維の分布の測定過程．a：卵母細胞の動物極付近の蛍光顕微鏡像，b：それから表層のみを切り出したもの．b を動物極から動植物極に平行方向に走査して，画素あたりの蛍光量を測定した．c：アクチン繊維の量を示す蛍光量の動物極から動植物極に平行方向に測定した結果．一方，a'，b' は動植物極に垂直方向に測定する方法を示す．d はその測定結果である．スケールは $20\,\mu m$.

画像処理することによって，アクチン繊維量を定量的に測定する．まず，蛍光像から細胞の形態に対応する一定の厚みの細胞表層を抽出する（図 8.7）．これを細胞表面に沿って定量したり，細胞分裂の軸に沿って定量したりする．これによって，極体形成

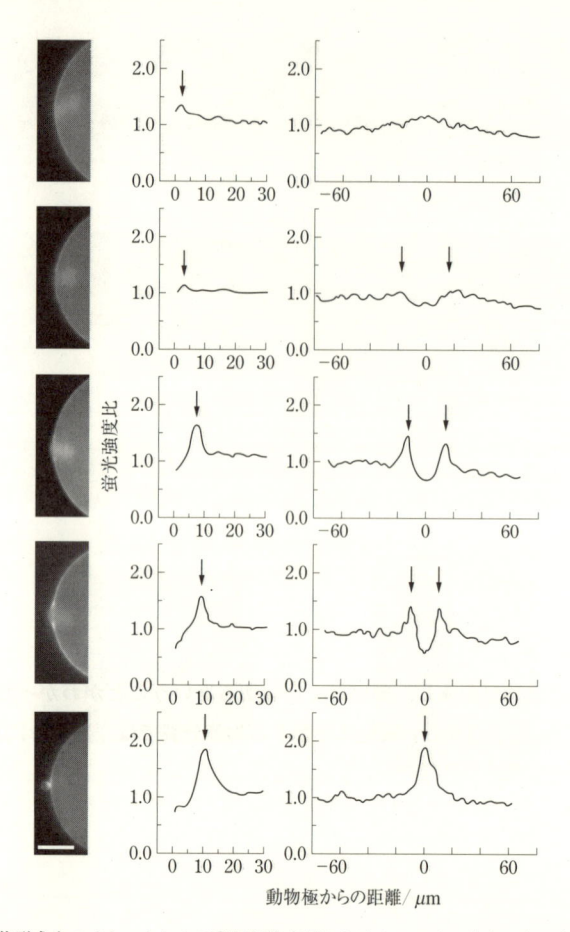

8　細胞骨格のタンパク質をとらえる

図 8.8　第一極体形成中のイトマキヒトデ卵母細胞表層におけるアクチン分布．左は卵母細胞の蛍光顕微鏡像で，動物極付近のみを示す．スケールは 20 μm．中央は動植物極に平行方向にはかったアクチン繊維量の分布，右は動植物極に垂直方向にはかったアクチン繊維量の分布を示す．上から分裂期の早い順に，中期の卵母細胞から極体形成したあとの卵母細胞を示す．矢印は蛍光の極大である分裂溝を示す．その間にある動物極では，アクチン繊維の量は細胞の他の表層より減少している．

過程中に動物極や分裂溝におけるアクチン繊維の量を求める（図 8.8）．

　中期までは，表層のアクチン繊維は全細胞表層でほぼ均一である．後期になって，細胞形態は動物極付近で膨らみを生ずると同時に，動物極でアクチン繊維が減少する．ほぼ同時に，その周辺部分（直径約 50 μm）でアクチン繊維は増加する．この直径は時間とともに減少し，アクチン繊維の量はさらに増加し，分裂溝となる．アクチン繊維は，赤道面の表層に比べて動物極で 50％以下に減っていくとともに，分裂溝では 2

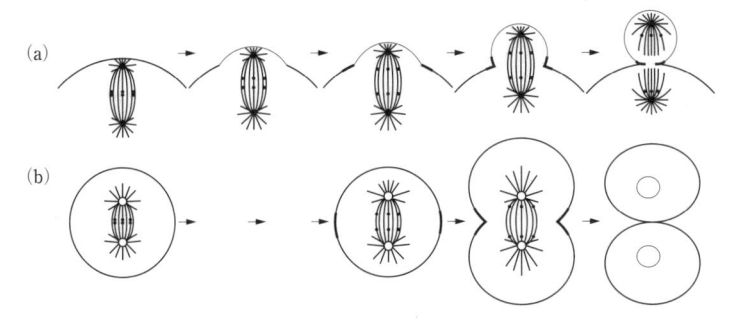

図 8.9 表層におけるアクチン繊維の分布の不等分裂と均等分裂との相違．(a)卵母細胞における不等分裂である第一極体形成中の染色体，微小管を示し，表層を示す実線の太さでアクチン繊維の分布を示す．(b)均等分裂．

倍近くまで増加した．図 8.9(a)に，この間のアクチン繊維の分布を，分裂装置とともに模式的に示す．

このことは，大小の細胞を形成する不等分裂では，小さい細胞を形成する表層のアクチン繊維を減らすことがまず起こって，その後に赤道面付近で細胞表層でアクチン繊維が増え，分裂溝を形成し，細胞をくびれ切るということがわかった(図 8.9(a))．一般に，2つの大きさの等しい細胞に分裂する均等分裂では，分裂溝にあたる赤道面の表層にアクチン繊維の集積があるが，極付近ではアクチン繊維の変化はみられない(図 8.9(b))[14, 15]．

分裂装置の微小管でみられたように，表層のアクチン繊維も，細胞質分裂が行われるよりずっと速く生成消滅を繰り返している．これも，蛍光標識したアクチンを用いて蛍光消光回復法で確かめられた[1, 4]．

8.5 おわりに

細胞内で，細胞骨格構造である分裂装置や収縮環をとらえて微小管やアクチン繊維が生成消滅する過程を分析する方法と，それらを細胞分裂中にとらえた研究結果を簡単に述べた．これらの変化は激しく，さらに実際に認められる構造より個々の細胞骨格繊維の変化はずっと激しい．これらのことは，細胞分裂中の染色体の分配，細胞質の分配を実施するのに必須であると考えられる．一方，これらの運動を調節する仕組みは不明の部分が多く，今後の課題として残されている．

引用文献

1) 浜口幸久, 生物物理, **27**, 262-267(1987)
2) 浜口幸久, 蛋核酵, **34**, 1638-1645(1989)
3) 浜口幸久, バイオイメージングの最先端(石川春律監修), pp. 142-146, 先端医療技術研究所(1999)
4) 浜口幸久, 馬渕一誠, 細胞工学, **8**, 358-365(1989)
5) Y. Hiramoto, Y. Hamaguchi, Y. Shoji, T.E. Schroeder, S. Shimoda, S. Nakamura, *J. Cell Biol.*, **89**, 121-130(1981)
6) Y. Hiramoto, Y. Hamaguchi, Y. Shoji, S. Shimoda, *J. Cell Biol.*, **89**, 115-120(1981)
7) Y. Shoji, Y. Hamaguchi, Y. Hiramoto, *Cell Motility*, **1**, 387-397(1981)
8) 浜口幸久, 遺伝, **51**, 23-28(1997)
9) R. Oldenburg, G. Mei, *J. Microscopy*, **180**, 140-147(1995)
10) 浜口幸久, 生体の科学, **39**, 102-105(1987)
11) Y. Hamaguchi, T. Numata, S.K. Satoh, *Cell Struct. Funct.*, **32**, 29-42(2007)
12) E. Wulf, A. Deboben, F.A. Bautz, H. Faulstich, T. Wieland, *Proc. Nat. Acad. Sci. USA*, **76**, 4498-4502(1979)
13) H. Miyoshi, S.K. Satoh, E. Yamada, Y. Hamaguchi, *Cell Motil. Cytoskeleton*, **63**, 208-221(2006)
14) S.K. Satoh, Y. Hamaguchi, *Bioimages*, **8**, 105-111(2000)
15) 浜口幸久, 生体の科学, **53**, 186-190(2002)

9 バイオインフォマティクスで酵素の構造と機能をとらえる

9.1 はじめに

　アミノ酸が重合してできた生体高分子：タンパク質は，生命を成立させ，維持するためにさまざまな機能を担っている．とりわけ酵素は強い基質特異性をもつ有能な触媒であり，生命体という巨大で精緻な化学工場には欠かせない働き手である．酵素の特性は，それがもつ固有の立体構造によって実現される．つまり，アミノ酸配列が酵素の立体構造を決定し，その立体構造が酵素機能を規定する[1]．これらの事情は，酵素にかぎらずタンパク質一般にいえることなので，ここではタンパク質の立体構造予測法を紹介し，次に酵素固有の問題として機能予測について簡単に記す．まず最初に構造バイオインフォマティクスの立場から，酵素についての典型的なイメージを述べておきたい．

　酵素はすぐれた触媒機能を有するタンパク質である．あるタンパク質に酵素活性が認められると，酵素番号(EC 番号)が与えられる．これを指標とすることで，注目しているタンパク質が酵素であるかどうか，酵素の場合どういう働きをするのかを知ることができる．小さなタンパク質は固有の立体構造を保持することがむずかしいため，すぐれた酵素機能を発揮するには相応の大きさが要求される．一般的な酵素は 100 残基以上のアミノ酸配列を有するが，複数のドメイン構造をとる巨大な酵素や，複数のサブユニットからなる超分子複合体として働く酵素もまれではない．歴史的な理由のためか，酵素の中でも加水分解酵素(EC3)には多くの研究事例があり，立体構造も多数が決定されている．その多くは，α ヘリックスと β ストランドが配列に沿って交互に出現する α/β クラスに属しており，細胞内局在性を示すためシステイン結合をもたない[2]．

9.2 タンパク質の構造を予測する

　1950年代から始まったC.B. Anfinsenらの研究によって，タンパク質の立体構造は配列(とそれがおかれた環境)のみで決まることが明らかになった．このことは，立体構造はタンパク質配列として規定される物理系の自由エネルギー最小状態として実現されるので，立体構造を理論的に求める問題は物理化学の範ちゅうであることを意味する．だが実際にタンパク質の配列から構造を予測することはできない．C. Levinthalによれば，多自由度系であるタンパク質の構造空間は非常に大きなものであり，現実的な時間内に全空間探索をして最適構造を見つけるのは，至難の業となる．つまり，最新鋭のコンピューターをもってしても，トライアンドエラーでは正解にたどり着くことはできない．ところが，タンパク質はせいぜい秒程度の時間があれば正しくフォールド*(折りたたみ)するので，巧妙な空間探索法を採用していることになる[3]．タンパク質がフォールドする機構を明らかにすることをタンパク質のフォールディング問題というが，いまだすっきりとした解決には至っていない．

　タンパク質の立体構造予測は，与えられたアミノ酸配列の情報からタンパク質の天然状態の立体構造を理論的に得ることをめざしている．上述したように，立体構造がアミノ酸配列から一意に求められることは保証されているのだが，それを真正直な物理化学シミュレーションで再現することは，現時点では不可能とされている．このような一筋縄ではいかない状況を打破するため，知恵を絞って方法を考案していくことに立体構造予測研究の醍醐味がある．特に，タンパク質の立体構造データベース(PDB，Protein Data Bank)には，実験的に決定された立体構造が三次元座標の形で蓄積されており利用価値が高い．またタンパク質の相同性を利用することも重要である．

　共通祖先から進化したタンパク質を相同タンパク質という．2つの相同タンパク質が，祖先配列から分岐した直後は同一のアミノ酸配列を有しているが，進化の過程で序々にアミノ酸置換を蓄え，何億年も経過するとアミノ酸配列は著しく異なってしまう．しかしそのようなタンパク質でも，立体構造の概形(二次構造のおおよその空間配置：フォールド*)は維持される．それは，アミノ酸置換によって立体構造に大変化が起こると，その多くはタンパク質の機能に影響を与えてしまうので，そういう置換はほとんど許容されないからである．相同性を有するタンパク質で立体構造の概形が著しく異なる例は，いまだに確認されていない．したがって，問いかけ配列が

---

　*フォールディング問題で出てくるフォールドという単語は動詞で，折りたたむという意味だが，立体構造に関して出てくるフォールドは名詞で，構造の概形を意味する．紛らわしいが区別しよう．

PDBに登録されたタンパク質のいずれかと相同であることがわかれば，その概形を知り得たことになる[4]．

立体構造予測法は，ホモロジーモデリング，フォールド認識法およびアブイニシオ法の3種類に大別される．いずれの方法においても，PDBの情報をなんらかの形で利用しているが，前者ほどその依存度が大きく，後者ほど小さい．

9.2.1 ホモロジーモデリング

ホモロジーモデリングでは，相同性が明らかなタンパク質の構造がPDBに登録されていることを前提とする．最も簡単な相同性の判断基準は，アミノ酸配列の一致をみることである．アミノ酸配列が，配列全体もしくはドメインにわたり3割以上の部位で一致していれば，相同と考えることができる．最近では配列一致度ではなく，E-valueのような統計値を用いて相同性を判断する．

問いかけ配列（タンパク質a）からの相同性検索によって，相同なタンパク質bの構造がPDBに登録されていることがわかったとしよう．これまでの経験則に基づけば，2つのタンパク質は立体構造の概形が類似しているはずである．ホモロジーモデリングでは，タンパク質bの立体構造を鋳型としてタンパク質aの立体構造を作り上げる．まず，2つのタンパク質についてアラインメント（alignment）を作成し，それに従ってタンパク質bの側鎖をaのものに置き替える（図9.1a, b）．この状態はaの配列を無理にbに載せた不自然なものであるから，構造を調整して真の構造に近づけるために工夫をこらす（図9.1c）．このとき，側鎖の典型的な構造を収拾したロータマー（rotamer）ライブラリーを用いて，主鎖二面角と側鎖の形（χアングル）および側鎖間のかみ合わせについての最適化や，分子動力学計算で利用されるような精密なポテンシャル関数を用いて原子配置の最適化，などの処理を行う．

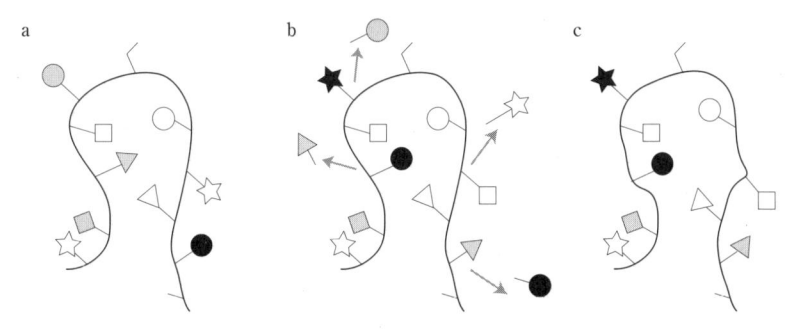

図9.1 ホモロジーモデリングの概念図．a：鋳型構造を用意する．b：問いかけ配列と鋳型のアラインメントに基づいて，鋳型の側鎖を問いかけ配列の側鎖に入れ替える．c：側鎖の入れ替えによって生じる構造変化を反映させるために，最適化計算などを行う．

ホモロジーモデリングでは，挿入欠損の扱いが大きな課題となっている．問いかけ配列aと鋳型とするタンパク質bとのアラインメントを作成した結果，大きなギャップ領域が認められたとしよう．aに大きな挿入があると，鋳型とするbにはそれに対応する構造がない．この場合，挿入部分に相当する構造を適当な方法で作成し，bに上手にはまりこむようにしてつなげる．aに大きな欠損があった場合は，bの構造に余りができてしまう．この場合は，bの切除すべき部分の両端をゆるいばねでつなぎ，構造を最適化して主鎖の結合長が許容範囲となるまで改良を試みる．

ホモロジーモデリングでは，最終工程で分子動力学法などを用いて構造の最適化を行うが(図9.1c)．これは，あまりにも激しい側鎖のぶつかりなどを取り除くのがおもな役割で，通常は初期構造近傍のわずかな範囲でしか行われない．適度な最適化範囲を逸脱してしまうと，構造は鋳型構造から大きくかけ離れるばかりか，正解の構造からも遠のいてしまうことが，経験的に知られている．したがって現状では，構造最適化計算の入力とする初期構造をいかにうまく作成するかに技法が集約されている．大きな挿入欠損の扱いが困難なのは上述のとおりであるが，アラインメントのギャップ1つの位置でさえ初期構造に大きな影響を与える．また鋳型構造の選択も重要である．いくつかの構造を重ね合わせて利用することもある．

9.2.2　フォールド認識

　フォールド認識で対象とするのは，通常の相同性検索ではわからない微弱な相同性の検出，および相同性では説明できない構造類似性の検出である．フォールド認識では，問いかけ配列とPDB中の既知構造との適合度を評価して予測を行う．問いかけ配列とある構造の適合度が十分に高ければ，そのタンパク質は適合構造と類似の構造をとると予測する(図9.2)．既知構造に問いかけ配列を当てはめることになるので，データベース中に正解がない場合は予測ができない．すべての構造について適合度を評価しても適合する構造が見つからない場合は，問いかけ配列は新規構造(new fold)をとると予測する．

　1990年代初頭から精力的に研究が行われた結果，フォールド認識は現在最も実用的なタンパク質の立体構造予測法となった．構造ゲノム科学といった網羅的な立体構造決定プロジェクトが立ち上がり，PDBが充実してきたことも精度向上に貢献している．フォールド認識の中核となるのは，構造と配列という性質の異なる表現様式をアラインメントする技法である．はじめての構造・配列アラインメントは，Bowieらにより実行された[5]．立体構造から各部位の埋もれ具合を評価し，埋もれ具合のシンボル列を作成する．配列についてはマルチプルアラインメント(multiple alignment)を行い，各部位の疎水性を評価してシンボル列にする．埋もれ具合と疎水性について

9.2 タンパク質の構造を予測する

問いかけ配列　...YKLVVLGSGGVGKSALTVQFVQGIFVE
KYDPTIEDSYRKQVEVDCQQCMLEILDTAG
TEQFTAMRDLYMKNGQGFALVYSITAQ...

構造と配列の
適合性を評価

12　24　**109**　57　36

PDB から作成した
構造ライブラリー

予測構造

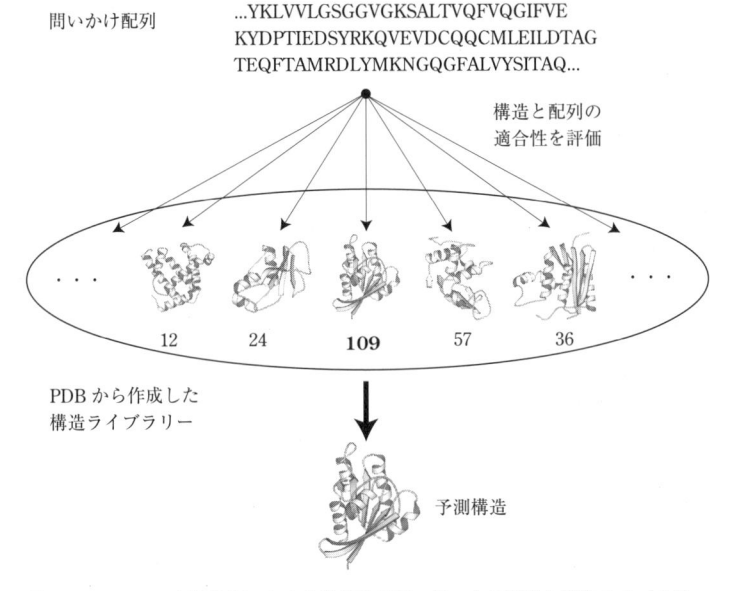

図 9.2 フォールド認識法による立体構造予測. 問いかけ配列と構造ライブラリー中の構造との適合具合を判定し, 予測を行う.

スコア表を作り適当なギャップペナルティーを決めれば, 通常の動的計画法で, 構造のシンボル列(埋もれ具合を表す)と配列のシンボル列(疎水性を表す)のアラインメントを実行することができる[5]. その後スコア表には改良が加えられ, 2つのアミノ酸の空間配置(二体関数)で適合度が決まるものも考慮されるようになった[6]. また, 二体関数を利用しても構造・配列アラインメントが確定できるよう, アルゴリズムも整えられた[7]. このように, 構造と配列の適合度を経験的なスコア表を使い評価するフォールド認識を, 3D–1D 法, もしくはスレッディング(threading)法という.

一方, PSI-Blast や隠れマルコフモデルに代表される, 配列プロフィールを利用する高精度な相同性検索法は, 統計的な信頼性が高くゲノム単位といった大量情報処理に適している[8]. その結果, 現代的なフォールド認識の多くは, 配列プロフィール比較の基盤の上にスレッディング法を融合させた複合的なものとなっている. 配列プロフィールには, 各部位に20種類のアミノ酸がどの程度適合するかがスコアとして与えられている. したがって, 配列プロフィールの実体は, 20アミノ酸×配列長の数値表になる. これを作成するときは, 相同配列群のマルチプルアラインメントを利用する. 配列プロフィールは, 問いかけ配列についても, サーチ対象である構造データベース側のタンパク質についても, 作成可能である. 配列プロフィールの作成は予測

103

精度を強く左右する．立体構造のみで類似性がみられるタンパク質の配列までも考慮して，配列プロフィールを作成する場合もある．配列と構造のアラインメントは，こういった配列プロフィールを用いて確定する．配列プロフィールどうしのアラインメントでは，部位に割り当てられたアミノ酸スコアの相関係数などをスコアとして用いる（図9.3）[9]．アラインメントスコアをそのまま利用して適合度を算出する場合もあるが，問いかけ配列の二次構造予測の結果や，経験的スコア表から算出された適合度を用いて最終調整を行うと，精度が向上する場合もある[10]．このような方法の多くは，フォールド認識サーバーとしてインターネット上から利用できるようになっている．また，さまざまなフォールド認識サーバーに予測を依頼し，その結果をつきあわせて総合的な判断を行うと，精度が向上することが知られている．多くのフォールド認識を統合したサーバーのことを，メタサーバーという．

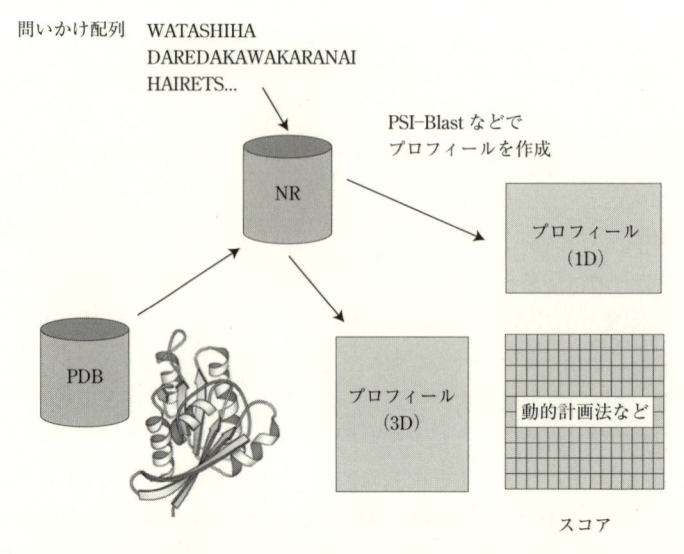

図9.3 プロフィールどうしの比較によるフォールド認識．プロフィールはPSI-Blastなどで作成し，相関係数などを利用してスコアとする．スコアが定義されれば，通常の動的計画法などでアラインメントを作成することが可能である．

9.2.3 アブイニシオ法

アブイニシオ法のアブイニシオ（*ab intio*）はラテン語で，"最初から"という意味をもつ．本来は，分子動力学などの物理化学的シミュレーションを駆使して，形をとらない状態からコンピューターの中でタンパク質を折りたたんで構造予測を行うような

ものを指した(狭義の定義)[11]. このような方法には，莫大な計算量が必要なこと，相互作用関数などのパラメーターの精度が悪いことなどの問題があり，予測結果も実用レベルには至っていないと思われてきた．しかし近年では，計算処理能力の向上，並列化計算技術の進展，相互作用関数の改良，よい最適化アルゴリズムの探求などが行われた結果，40アミノ酸残基程度までの特定の小さなタンパク質については，天然構造に近いものをシミュレーションで得ることができるようになった．このようなシミュレーションでは，予測構造にとどまらずタンパク質の構造形成過程などのフォールディング問題に関する知見を得ることができる[12].

アブイニシオ法という言葉は，最近では"新規フォールドを予測できる可能性を有する方法"という意味で使われる(広義の定義．このようなニュアンスを含む場合，デノボ(de novo)法という言い方をする)．つまり，形をとらない状態から折りたたむかどうかということよりも，立体構造データベースの情報を利用しようが，配列検索を利用しようが，フォールド認識よりも適用範囲が広いことを重視する．新しい定義におけるアブイニシオ法の典型が，フラグメントアセンブリー法である[13].

フラグメントアセンブリーでは，まず問いかけ配列を3〜9残基程度のフラグメントに分割する．9残基フラグメントの場合，問いかけ配列を，1〜9残基，2〜10残基，3〜11残基という具合に，1残基ずつずらしながら分割を行う．次に，それぞれのフラグメント配列に割り当てる固有のフラグメント構造ライブラリーを，PDBを利用して構築する．最後に，ライブラリー中の部分構造を入れ替えながら最適化を行い，全体構造を構築する(図9.4).

このほかにもアブイニシオ法にはいろいろなアイデアがみられる．NMRを利用してタンパク質の構造決定を行う場合，近距離にあるアミノ酸対の情報を利用する．つまり，アミノ酸対の接触情報があれば立体構造を作り上げることができる．配列のマルチプルアラインメントから接触しているアミノ酸対を予測し，その情報をもとにNMRによる構造決定と同様の計算(ディスタンスジオメトリー計算)を行うことで，立体構造を予測することができる．また原子レベルの相互作用関数ではなく，アミノ酸レベルの粗視化された相互作用関数を利用してエネルギー最適化計算を実行し，構造予測を行うことも試みられている．

予測された構造は，正解構造との重ね合わせやアラインメントを行ってずれ(RMSD値)を測定し，評価する．どういう予測結果であれば成功したといえるのかは，予測の目的や状況によって異なるが，ホモロジーモデリングではRMSDで2Å程度，フォールド認識やアブイニシオ法ではRMSDで4Å程度，もしくは二次構造の空間配置(フォールドもしくはトポロジー)が同一であることなどが，およその判定基準となるだろう．

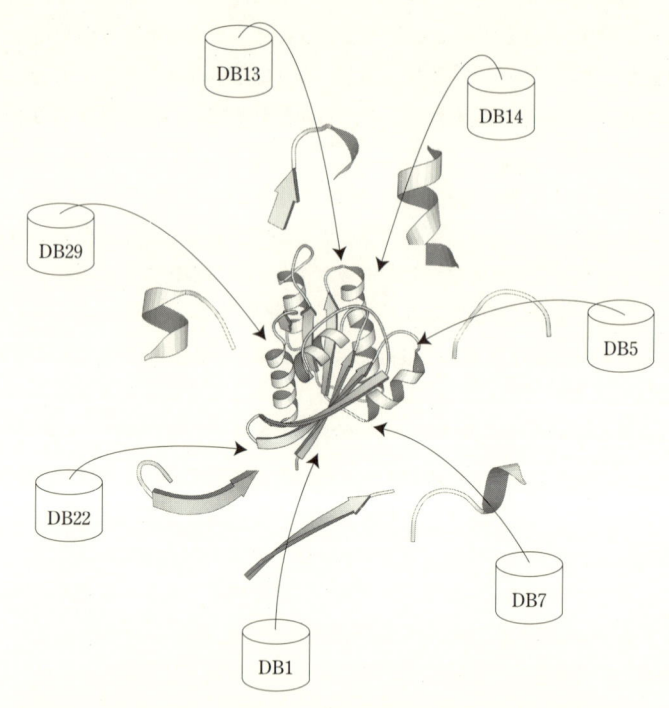

図9.4 フラグメントアセンブリー法の概念図．フラグメント配列に依存したフラグメント構造データベースを用意し，全体構造のスコアがよくなるようにフラグメントを入れ替えながら，最適化計算を実施する．

現状では，構造予測とフォールディング問題とは異なる課題のように考えられている．しかし将来は融合し，構造形成過程の様子も最終構造も統一的に解明されるというのが到達点であろう．その意味で，いかなる予測法もフォールディング問題とのつながりを失っていないことを付記しておきたい．

9.3 酵素の機能を予測する

酵素にかぎらずタンパク質研究の中で，機能同定は非常に大きな意味をもつ．タンパク質の配列または立体構造からの機能予測は，構造バイオインフォマティクスの一大テーマである．酵素ではEC番号をインデックスとして利用できるので，酵素の機能と配列や構造の関連性については，これまでに多くの研究がなされてきた．そこで得られた結論のいくつかを以下にまとめておく．

1) 相同タンパク質は機能も似ているが，例外も多数存在する：たとえばリゾチーム

とαラクトアルブミンは，配列一致度が4割ほどの相同タンパク質だが，機能は全く異なっている．配列がどの程度一致していればおよそ同じ機能をもつ酵素と考えてよいのかについては，多々議論がある．5割ほど一致していれば少々の誤り率はあるが同じ機能と思ってよいという試算もあるが，しきい(閾)値は7割とするほうがよいという意見もある[14]．

2) 同じ概形を使って，さまざまな機能を実現することが可能である：TIM バレルは，βバレルの周囲をαヘリックスが取り囲んだ対称性の高い美しい構造をもっている．この概形を利用してさまざまな機能が実現されている．EC 番号では EC6(合成酵素)に属するものがまだ発見されていないだけで，他の酵素機能はこの概形を利用して実現可能である[15]．TIM バレルのように多様な機能を実現できる概形のことを，スーパーフォールドという．

3) 立体構造が全く異なるタンパク質が，同じ機能を担うこともある：たとえば，セリンプロテアーゼのトリプシンとズブチリシンは，活性部位のアミノ酸配置は酷似しているが，立体構造の概形は全く異なる．この例のように，機能は局所的な原子配置にかなり依存しており，配置を実現する土台となる構造の概形は異なっていてもかまわない．逆にいうと，局所的に配置をうまく整えることで機能改変も可能なのである．

構造予測では相同性の視点が非常に有効に働いたが，機能を考える場合は少々むずかしい面がある．しかし例外事項があるとはいえ，相同性もしくは立体構造の類似性は，機能を類推する場合にも価値ある情報であることに変わりはない(図 9.5)[16]．問

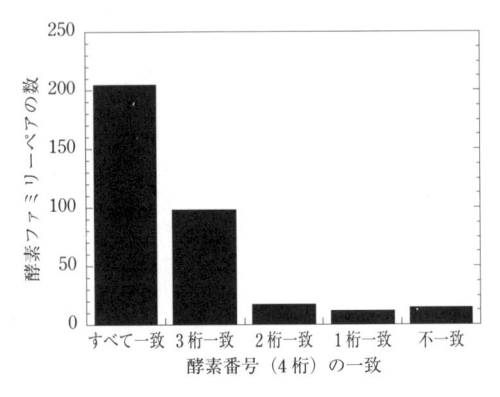

図 9.5 酵素ファミリーにみられる機能の多様性．酵素ファミリーのペア(SCOP[20]のファミリーで定義)について，EC 番号(4桁)が何桁めまで一致しているかを調べ棒グラフとした．ファミリーであれば，EC 番号はかなりの確率で一致するが(全一致+3桁一致は全体の 87%)，全く一致しないものもある(5%)．
[丹谷恵子氏(東京工業大学生命理工学研究科博士後期課程)提供]

いかけ配列からの相同性検索を実行し，相同タンパク質がわかればその機能を調べること，立体構造が既知であれば，それと類似構造をもつタンパク質の機能を調べることは，機能を推定する場合にも賢明なやり方である．

9.4　酵素の機能部位を予測する

基質結合部位や活性部位は特殊な役割を担っている．配列や立体構造からそのような部位を知ることができれば，酵素研究にとっても意義深い．機能部位を特徴づける性質として，強い保存性があげられる．機能部位に置換が起きると，ほとんどの場合機能が劣化する．そのため機能部位置換はかなりの率で排除される．したがって，同じ機能をもつ相同タンパク質のマルチプルアラインメントを作成し保存部位を調べることで，機能部位の位置を知ることが，原理的に可能なはずである[17]．この方法で機能部位を予測する場合，近縁の相同タンパク質のみを集めるとマルチプルアラインメントは確実に作成できるが，ほとんどの部位が保存してしまうので好ましくない．しかし遠縁の相同タンパク質まで考慮すると，機能保存が怪しくなるばかりかマルチプルアラインメントの精度にも支障をきたす．ほどほど近縁なタンパク質配列を集めることができると非常に有効な方法なのであるが，一般的には，保存性のみから機能部位を予測するのはむずかしい．

部位保存と立体構造を利用して機能部位を予測する方法として，進化トレース法が

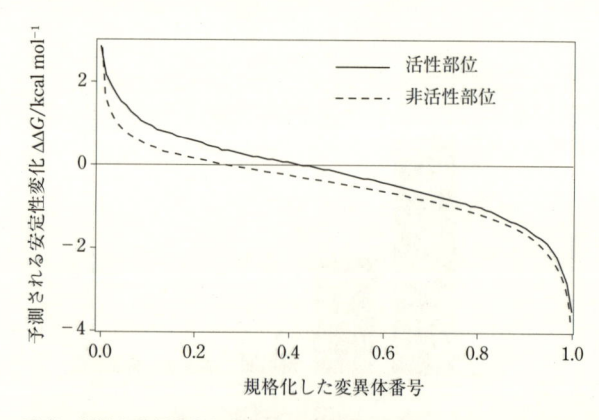

図9.6　酵素の活性部位置換体と非活性部位置換体の構造安定性．酵素を対象にアミノ酸置換により構造安定性がどの程度変化するかを予測し，活性部位と非活性部位別にまとめたもの．置換体は安定化する順に並べ替え，順位を全体数で割って規格化した（横軸）．非活性部位の置換に対し，活性部位の置換は構造を安定化する可能性が高い（実線カーブは点線カーブより常に上側）．つまり，活性部位は構造安定性への寄与が少ない．

ある[18]．この方法では，相同タンパク質のマルチプルアラインメントから進化系統樹を作成し，ある年代における部位の保存性を評価する．保存が確認された部位を今度は立体構造にマップして，それらが局在しているかを調べる．保存を評価する年代を，立体構造と保存部位を見ながら調整することで，最も確からしい機能部位推定が可能となる．初期の進化トレース法は，このように目で見ながら調整を行うものであったが，保存部位の局在度などの基準を導入することで，最近はかなり自動的に機能部位推定が可能となっている．

強い保存性のほかに，機能部位は，立体構造の少し奥まった俗にホール（hole）やクレフト（cleft）とよばれる部分に配置されることが多い，ということがわかっている．また，機能部位は構造安定性に対する寄与が少ないので，機能部位置換を施すと，構造安定性の向上率が有為に高くなることが知られている（図9.6）[19]．このような性質を複合的に利用することで，機能部位推定の精度を向上させることができる．

9.5 おわりに

酵素を対象として立体構造予測と機能予測について述べた．立体構造予測研究は，実用性という意味ではかなり充実期に入ったと考えられるが，機能予測研究は歴史が浅く，まだ黎明期といってよいのかもしれない．構造に関していえば，最近天然状態で立体構造をとらないようなタンパク質も注目されるようになってきた．そういう意味で構造バイオインフォマティクスは新たな展開をみせており，ここ数年の動向から目が離せない状況である．今後の進展に期待したい．

引用文献

1) ペッコ＆リンゲ（横山茂之監訳，宮島郁子訳），カラー図説　タンパク質の構造と機能，メディカルサイエンスインターナショナル（2005）
2) K. Nishikawa, T. Ooi, *J. Biochem.*, **91**, 1821-4（1982）
3) 桑島邦博，タンパク質科学—構造・物性・機能（後藤祐児，谷澤克行，桑島邦博編），化学同人（2005）
4) 西川建，蛋白質—この絶妙なる設計物（赤坂一之編），吉岡書店（1994）
5) J.U. Bowie, N.D. Clarke, C.O. Pabo, T. Sauer, *Proteins*, **7**, 257-264（1990）
6) M.J. Sippl, *J. Mole. Biol.*, **213**, 859-883（1990）
7) D.T. Jones, W.R. Taylor, J.M. Thornton, *Nature*, **358**, 86-89（1992）
8) S.F. Altschul, T.L. Madden, A.A. Schaffer, J. Zhang, Z. Zhang, W. Miller, D.J. Lipman, *Nucl. Acids. Res.*, **25**, 3389-3402（1997）
9) A.R. Panchenko, *Nucl. Acids. Res.*, **31**, 683-689（2003）
10) L.A. Kelley, R.M. MacCallum, M.J. Sternberg, *J. Mol. Biol.*, **299**, 499-520（2000）

11) M. Levitt, A. Warshel, *Nature*, **253**, 694-698 (1975)
12) M. Ota, M. Ikeguchi, A. Kidera, *Proc. Natl. Acad. Sci. USA*, **101**, 17658-17663 (2004)
13) K.T. Simons, C. Kooperberg, E. Huang, D. Baker, *J. Mol. Biol.*, **268**, 209-225 (1997)
14) B. Rost, *J. Mol. Biol.*, **318**, 595-608 (2002)
15) H. Hegyi, M. Gerstein, *J. Mol. Biol.*, **288**, 147-164 (1999)
16) A.E. Todd, C.A. Orengo, J.M. Thornton, *J. Mol. Biol.*, **307**, 1113-1143 (2001)
17) 藤博幸，タンパク質機能解析のためのバイオインフォマティクス，講談社 (2004)
18) O. Lichtarge, H.R. Bourne, F.E. Cohen, *J. Mol. Biol.*, **257**, 342-358 (1996)
19) M. Ota, K. Kinoshita, K. Nishikawa, *J. Mol. Biol.*, **327**, 1053-1064 (2003)
20) A.G. Murzin, S.E. Brenner, T. Hubbard, C. Chothia, *J. Mol. Biol.*, **247**, 536-540 (1995)

III編　酵素・タンパク質を利用する

　III編では,「酵素・タンパク質を利用する」方法について解説する．高温などの極限環境で機能を有する酵素の利用法,有機溶媒など非水溶媒中での酵素利用法や,酵素を固定化したバイオリアクターの設計について述べる．また,酵素・タンパク質をコードする遺伝子を挿入したトランスジェニックマウスの利用についても解説する．

　10章と11章では,高温やアルカリ性などの極限環境で生育する微生物が生産する酵素の性質とその利用や,機能のタンパク質工学法による改変・操作する方法について解説する．このような極限酵素は,産業用触媒として利用価値が高く,またタンパク質立体構造の安定化といったタンパク質工学の発展にも大きな意義をもつ．

　12章では,酵素を糖脂質により被覆することにより,有機溶媒や超臨界流体の非水溶媒中で利用できる技術の解説と,これらの酵素を利用した有機化合物の合成反応について解説する．超臨界流体は,有機溶媒に替わる環境に負荷の少ない反応媒体として有望である．

　13章では,酵素を固定化し,生物の機能を利用して物質変換を行う装置,バイオリアクターを作成する方法と排水処理などへの利用について解説する．固定化生体触媒を反応素子とするバイオリアクターは,クリーンで省エネルギーな生産プロセスとして,さまざまな物質の生産に応用されるであろう．

　14章では,外来遺伝子を受精卵に導入し,染色体に組込んだ形質転換マウス,トランスジェニックマウスの利用についても解説する．このような個体レベルでの遺伝子操作は,個々のタンパク質の生体内での機能を明らかにするための重要な研究手段である．

10 極限酵素を利用する

10.1 はじめに

　これまで生命が存在しないとされていた温泉や火山,深海底や深度地下,低温の極地,塩湖など,高温,低温,高塩濃度,強アルカリ性・強酸性といった環境を好んで生育する微生物が,極限環境微生物である[1].これら極限環境微生物が有する高度な環境適応能力や進化について興味がもたれているが,その環境適応の1つとして,これら極限環境微生物が産生する酵素(極限酵素)は,その特殊な生育条件下でも安定であることがあげられる.タンパク質である酵素は通常では不安定なため,極限酵素の構造安定化機構はタンパク質科学的にも興味深い.また酵素を触媒として利用する際には安定性が重要な要素であることから,極限酵素は産業用酵素として利用価値が高い.

10.2 耐熱性酵素

　極限環境微生物の中で,高温を好んで生育するのが好熱菌(thermophile)である.好熱菌は55℃以上で生育可能な微生物の総称であるが,その生育温度によりさらに分類される.65℃で生育可能な中等度好熱菌としては,堆肥から容易に分離される *Bacillus stearothermophilus* などが,75℃以上で生育可能な高度好熱菌としては,1969年に米国イエローストーン国立公園で分離された *Thermus aquaticus* や近縁の *T. thermophilus*(図10.1(a))などが,よく研究されている.さらに高温の90℃以上でも生育可能な(あるいは至適生育温度が80℃以上の)微生物は,超好熱菌と称される.超好熱菌の中には,100℃以上で生育するものも多数知られており,2008年に報告されたメタン生成菌 *Methanopyrus kandleri* の122℃が,これまでの最高生育温度であ

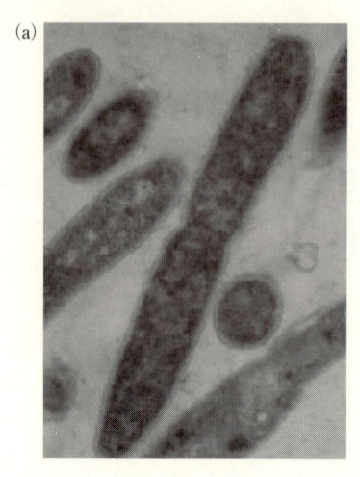

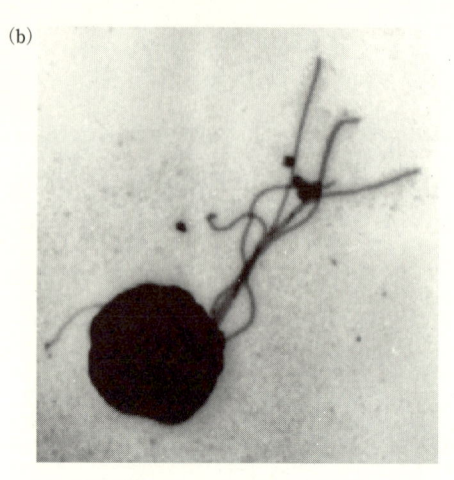

図 10.1 (a) 高度好熱菌 *T. thermophilus* HB8 超薄切片の透過型電子顕微鏡写真．(b) 超好熱菌 *T. kodakaraensis* の透過型電子顕微鏡写真．

る[2]．超好熱菌の多くは，細菌(bacteria)とは異なる原核生物である古細菌(archaea, 始原菌ともいう)[3,4]に属するものが多いが，超好熱菌は細菌・古細菌を問わず進化系統樹上において根の近傍に位置することから，進化の観点からも興味深い微生物である．

高度好熱菌や超好熱菌の生育温度は，鶏卵であればすっかりゆで卵になっている温度である．好熱菌の産生するタンパク質は，このような高温環境においても変成せずに機能することから，熱安定な酵素触媒として重要である[5〜11]．また，好熱菌由来耐熱性タンパク質の相同タンパク質が常温菌にも存在する場合，それらタンパク質全体のフォールディング(折りたたみ)は類似していることが多く，両者の比較により安定化の分子機構が解明できる．これは，タンパク質科学の観点から，また既存のタンパク質を改変して機能向上を図るタンパク質工学の観点からも興味深く，これまで多数の研究がなされている．速度論的には，好熱菌由来のタンパク質が示す熱安定性は，変性速度が遅いことに起因すると考えることができる．また熱力学的には，タンパク質の安定性は，折りたたまれた状態と変性状態のギブズ自由エネルギー変化(ΔG)で定義される．

タンパク質の一般的な温度-ΔG 曲線を図 10.2 に示す．曲線が極大値を示すときの温度が，最も安定な温度(T_m)である．温度軸との交点では $\Delta G = 0$ となり，変性温度 T_m を示す．タンパク質を耐熱化して変性温度 T_m を高温にしたい場合，単純に ΔG の最大値をあげればよいが(モデル A)，超好熱菌由来タンパク質と対応する常温菌タンパク質の比較解析からは，このようなタンパク質は比較的限られている．他のモデル

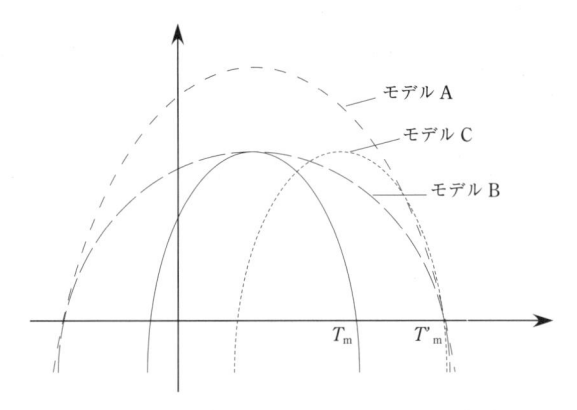

図 10.2 タンパク質の一般的な温度とギブズ自由エネルギー変化(ΔG)の関係図，ならびに耐熱化をもたらす3つのモデル．

として，タンパク質変性の際の熱容量変化 ΔC_p（曲線の曲率）が小さい（モデル B），あるいは曲線そのものを高温側にシフトする（モデル C）ことが考えられる．多くの耐熱性タンパク質の場合，モデル B，あるいはモデル A とモデル B の両方の特徴を備えている．このような熱安定化を実現するための分子機構としては，これまで検討されてきたタンパク質でまちまちであり，すべての耐熱性タンパク質に共通する機構はないようである．これは，タンパク質構造が図 10.3 に示すような水素結合，イオン結合，疎水性相互作用，ジスルフィド結合などの構造安定化因子と，側鎖間立体障害などの

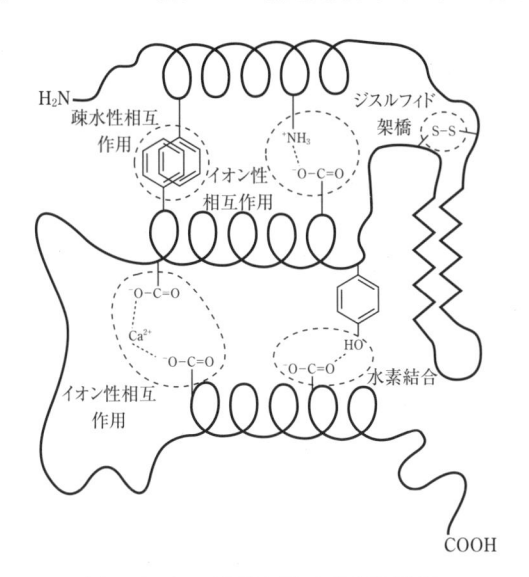

図 10.3 タンパク質内部における相互作用．

不安定化因子との微妙なバランスの上に成り立っているからである．ΔG を大きくするためには大きなエンタルピー変化(ΔH)をもつことが必要であり，タンパク質の充填密度が高いこと，側鎖の小さなアミノ酸が少ないこと，空隙が少ないことなどが関連する．ΔC_p は，変性に伴ってタンパク質内部の疎水性残基が露出する量に比例すると考えられている．したがって，ΔC_p を小さくするためには，大きくて密な疎水性コアを内部に有することが必要である．

また耐熱性タンパク質では，表面に電荷を帯びたアミノ酸残基が多数局在してイオン結合(イオンペアネットワーク)を形成し，耐熱性に寄与している例が多く報告されている．超好熱菌 *Thermococcus kodakaraensis* (図 10.1(b))由来の O^6-メチルグアニン-DNA メチルトランスフェラーゼは，表面のイオンペアネットワークに加えて，タンパク質内部の α ヘリックス内イオン結合(図 10.4(a))や α ヘリックス間イオン結合(図 10.4(b))により構造を安定化し，ΔG の上昇(モデル A)，ΔC_p の減少(モデル B)，T_m の上昇(モデル C)を実現している[5, 12]．

一般に，これら好熱菌由来の耐熱性酵素は，その遺伝子を大腸菌などの常温微生物を宿主として発現させた組換え型酵素であっても，耐熱性酵素として機能する(図 10.5)．耐熱性タンパク質にとって温度上昇はむしろ正しいフォールディングに必要で，超好熱菌由来の耐熱性酵素遺伝子を大腸菌で発現させた組換え型タンパク質を高温環境下におけば，構造が成熟し安定化する．組換え大腸菌抽出液の熱処理は，図 10.5(a)に示すように，常温性宿主由来のタンパク質を変性沈殿させて除去する粗精製に加えて，熱成熟の点においても有効である．

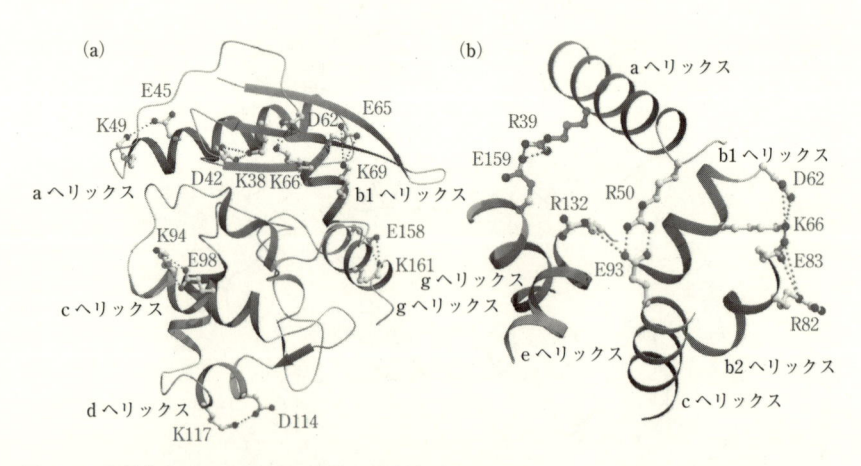

図 10.4 超好熱菌 *T. kodakaraensis* 由来の耐熱性 O^6-メチルグアニン-DNA メチルトランスフェラーゼのタンパク質内部におけるイオン結合(点線部分)．(a)α ヘリックス内イオン結合，(b)α ヘリックス間イオン結合．

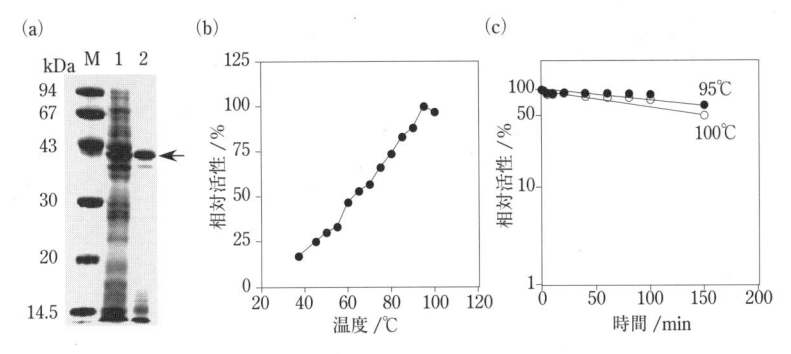

図 10.5 超好熱菌 T. kodakaraensis 由来のフルクトース-1,6-ビスホスファターゼ (FBP$_{Tk}$) 組換え型酵素の熱安定性. (a) 組換え型 FBP$_{Tk}$ の SDS-PAGE 分析結果. レーン M：分子量マーカー, レーン 1：fbp$_{Tk}$ 遺伝子を高発現した大腸菌の破砕後可溶性画分, レーン 2：破砕後可溶性画分を熱処理 (80℃, 10 分) および遠心分離した後の可溶性画分. (b) 組換え型 FBP$_{Tk}$ の反応温度特異性. (c) 組換え型 FBP$_{Tk}$ 熱安定性 (所定温度・時間で熱処理した後の残存活性を 70℃ で測定).

10.2.1　遺伝子工学・タンパク質工学用耐熱性酵素 [7, 9~10]

　最も広く普及している好熱菌由来酵素は，ポリメラーゼ連鎖反応 (PCR) に用いられる耐熱性 DNA ポリメラーゼであろう [10]．PCR は，DNA ポリメラーゼによる試験管内 DNA 複製反応を繰り返し行うことで，2 つの逆向きオリゴヌクレオチドプライマー間の領域を特異的に増幅させる技術であるが，二本鎖 DNA を加熱して一本鎖に解離させる段階で，通常の酵素は熱失活してしまう．このため，当初は増幅の 1 サイクルごとに酵素を添加してやる必要があった．耐熱性 DNA ポリメラーゼの利用によって，増幅サイクルを温度制御のみで自動的に行うことが可能となり (図 10.6)，爆発的に普及した．現在では医療，農学，生物工学，犯罪捜査などに不可欠の技術である．

　最初に利用された耐熱性 DNA ポリメラーゼは前述の高度好熱菌 T. aquaticus 由来の酵素であり，Taq DNA ポリメラーゼとして知られている．Taq DNA ポリメラーゼをはじめとする細菌由来 Pol I 型酵素は高い DNA 合成活性を示すが，校正機能を果たす 3'→5'-エキソヌクレアーゼ活性がない場合が多く，増幅の正確性に問題がある．一方超好熱古細菌由来の α 型酵素は，正確であるが伸長活性は低いことが一般的であり，近年では，さまざまな PCR 用 DNA ポリメラーゼが開発されていて，目的に応じて使い分けることも多い [13]．耐熱性 DNA ポリメラーゼは，ジデオキシ法による DNA 塩基配列の決定や部位特異的変異の導入にも用いられる．遺伝子工学・タンパク質工学の分野では，ほかにも超好熱菌由来の耐熱性 DNA リガーゼや，タンパク質

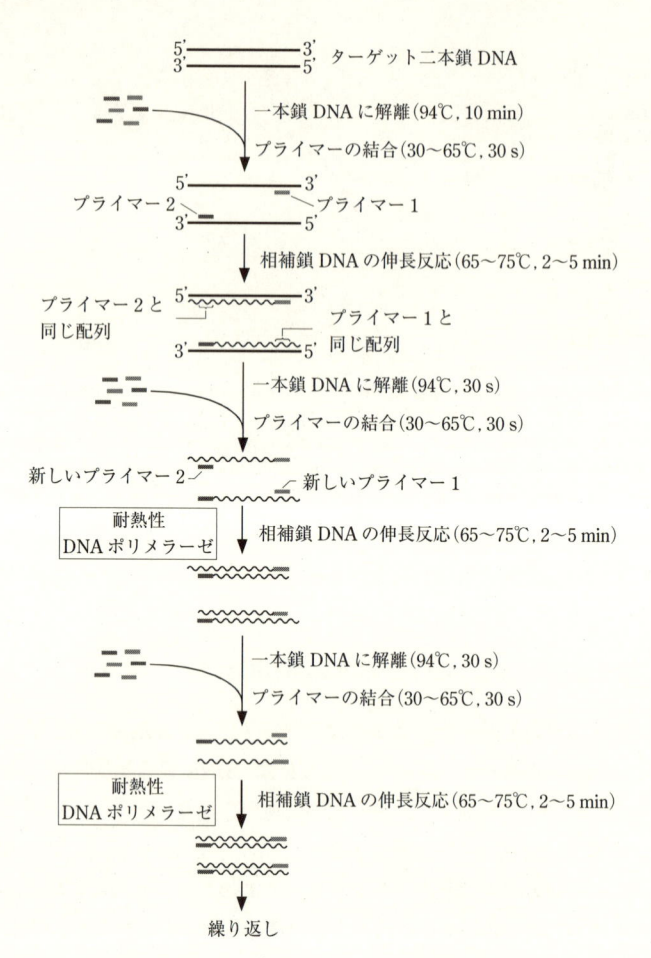

図10.6 ポリメラーゼ連鎖反応(PCR)の原理と,PCRにおける耐熱性DNAポリメラーゼの利用.

のN末端修飾を除去する耐熱性アミノペプチダーゼなどが,市販されている.

10.2.2 耐熱性加水分解酵素[7~11]

農作物から得られるデンプンは工業的に糖化されて各種原料として利用される.このプロセスでは,まずデンプンを加熱してデンプン糊とし,それを α アミラーゼ(α1→4エンドグルカナーゼ)によって部分分解して,デキストリン溶液を得る(液化).これを,α1→6結合を切断するグルコアミラーゼとプルラナーゼによってさらに分解し,グルコースに変換する(糖化).基質・生成物の高濃度化,粘度の低下,反応速度の増加,雑菌汚染の防止などの理由から,耐熱性酵素を用いて高温で実施する利点

が多い[8]．αアミラーゼとして，*Bacillus stearothermophilus* や *B. licheniformis* 由来の耐熱性酵素が工業的に利用されているが，さらに熱安定性の高い各種デンプン加水分解酵素の利用が期待されている．α多糖資化能を有する超好熱菌からは，反応至適温度が 80～100℃ というきわめて熱安定な α アミラーゼやプルラナーゼが報告されている．グルコアミラーゼは高度好熱菌や超好熱菌にはあまり見いだされていないが，好酸好熱菌 *Thermoplasma acidophilum* や *Picrophilus torridus*，*P. oshimae* は，90℃，pH 2 を反応至適とするグルコアミラーゼを有している．糖化の段階は副反応抑制のため pH 4～5 で行われることから，この耐酸耐熱性は工業的利用に都合がよい．

グルコースが β-1,4 結合で連結したセルロースは地球上で最大のバイオマスであり，社会の脱石油化を推進するためにその有効利用が図られている．これまでにさまざまな生物に由来するセルロース分解酵素について勢力的に研究が進められているが，好熱菌の中にもセルロース分解能を示すものが多く存在する．たとえば，好熱菌 *Clostridium thermocellum* はさまざまなセルロース分解酵素からなる巨大複合体（セルロソーム）を細胞表層に構成してセルロースを分解し[14]，高度好熱菌 *Anaerocellum thermophilum* は結晶性セルロースに対して分解活性を示すマルチドメイン構造のセルラーゼを分泌する．*Thermotoga* 属の超好熱菌からは，きわめて熱安定なエンドセルラーゼ（β-1,4-エンドグルカナーゼ），エキソセルラーゼ（β-1,4-エキソグルカナーゼ），セロビアーゼが報告されている．超好熱菌 *Pyrococcus furiosus* 由来の耐熱性エンドセルラーゼや耐熱性ラミナリナーゼ（β-1,3-エンドグルカナーゼ）について，β グリコシド結合切断特性が検討されている．また前述の *T. kodakaraensis* からは，N-アセチルグルコサミンが β-1,4 結合で連結したキチンを分解する耐熱性キチナーゼが，単離されている[15]．

超好熱古細菌には，タンパク質，ペプチドを増殖基質として利用するものが多く，これらからはさまざまな特性の耐熱性プロテアーゼが見いだされている．一般に熱に安定な酵素は，有機溶媒や界面活性剤に対しても耐性を示すことが多く，*Thermococcus stetteri* が分泌するセリンプロテアーゼは，1% SDS（ドデシル硫酸ナトリウム）存在下でも 70% の活性を示す．このような酵素は洗剤用酵素としての用途がある．

10.3 低温酵素[16]

地球表面の平均気温は 15℃ であるが，表面積の 70% を占める海洋の水の大部分は水温約 2℃ の深層水であるなど，広大な低温環境が存在する．生物圏の 80% が低温環境とされており，低温でも生育可能な微生物は広く分布して存在することが知られている．0～5℃ で生育可能な微生物のうち，至適生育温度が 15℃ 以下で，生育の上限

温度が20℃以下の微生物を好冷菌(psychrophile)，生育上限温度が20℃より高い微生物を耐冷菌(psychrotroph, psychrotolerant)，と分類されることが多いが，分類の境界を20℃とする根拠は乏しく，今後の検討の余地がある．低温に適応した微生物をひとまとめに低温菌と称することもある．耐冷菌には，生育温度範囲が広く低温にも対応して増殖可能な微生物も含まれており，海洋，土壌，陸水など多くの自然環境から多様な菌種が分離されている．一方で，低温環境に特化して適応している好冷菌は，年間を通じて低温が保持されている環境でしか生育できないために，分布が比較的限られている．

　これら低温菌は，好熱菌とは逆に，低い温度でも効率よく機能する低温酵素(好冷性酵素)を産生する．酵素が低温下で機能するためには，反応中心付近が低温でも十分な柔軟性を保って高い触媒活性を維持することが要求されるが，この高い柔軟性は熱安定性を損なう要因となる．実際，これまで解析された低温酵素の多くは，高い触媒活性を示すが熱安定性は低い．産業的には高い触媒活性と高い熱安定性を実現することが望ましいが，両者は相いれないことが多い．しかし，タンパク質工学的手法によって，高い触媒活性を保持しつつ熱安定性向上に成功した例もあり，今後の進展が期待される．低温下で柔軟性を維持するための分子機構として，配列中のグリシンやメチオニンの増加，タンパク質内部における水素結合・疎水性相互作用・イオン結合などの相互作用の減少や，ループ部でのアミノ酸の挿入，タンパク質表面の高い親水性などがあげられる．しかし，耐熱性酵素における熱安定化の分子機構と同様に，酵素の種類によって低温適応機構は異なっている．

　日本国内においては，家庭用洗剤は多くの場合で加温しない水道水中で使用されることから，低温酵素は洗剤配合酵素として有用である．これまでに，低温プロテアーゼ，低温アミラーゼ，低温リパーゼなど，汚れ除去効果を有する酵素が低温菌から得られているが，実際に利用するためには，さらに界面活性剤や漂白剤，アルカリ性に対しても耐性を示さなければならない．また食品加工分野では，熱に不安定な食品成分の分解を防止するために，低温での酵素反応と使用後の失活処理が必要となる場合が多く，低温酵素の活用が期待されている．具体例としては，牛乳ラクトースを分解してラクトース不耐症の人に供するための低温βガラクトシダーゼ，食肉を柔らかくするための低温プロテアーゼ，果汁などの粘度を下げ清澄度を増すための低温ペクチナーゼなどがあげられる．分子生物学の分野においても，不安定な生体分子を対象として低温化でさまざまな酵素反応を行うことが多く，また使用後には次の操作への影響を避けるために穏和な条件で失活させることが望ましいことから，低温酵素の利用価値が高い．遺伝子クローニング実験では，ベクターDNAの自己連結(セルフライゲーション)を回避する目的で，5'末端のリン酸基を除去するためアルカリホスファ

ターゼがよく利用される．最近市販された低温菌由来のアルカリホスファターゼを用いると，ベクター DNA 処理後の失活操作が容易で，クローニング効率の向上に有用である．また細胞抽出液中のタンパク質や RNA の解析には，混在する DNA が各種測定や操作の妨害成分となることがあるが，研究対象とする分子を変性させないような条件で効率よく DNA を分解除去するため，低温 DNase が市販されている．

10.4 好アルカリ性酵素 [17]

　pH 9 以上のアルカリ性環境で活発に増殖する極限環境微生物が，好アルカリ性微生物である．天然のアルカリ湖やアルカリ土壌は好アルカリ性微生物の生息域となっているが，中性や弱酸性の土壌からも好アルカリ性微生物が単離されるなど，自然界の至る所に分布している．このような非アルカリ性環境においては，好アルカリ性微生物自身が周囲の環境を局所的にアルカリ化していると考えられている．とくにグラム陽性の好気性細菌である *Bacillus* 属が好アルカリ性微生物として多く分離され，研究がされている．一般に *Bacillus* 属細菌はさまざまな酵素を細胞外に分泌する能力が高いが，好アルカリ性微生物の分泌酵素はアルカリ性条件において高活性を示すことから，とくに洗剤用酵素として産業応用されている．なかでも使用量が多いのが，アルカリプロテアーゼである．好アルカリ性 *Bacillus* 属が産生するアルカリプロテアーゼは，至適 pH 11 〜 12 と耐アルカリ性が高くまた耐熱性も有することから，現在大量に生産され利用されている．中性 *Bacillus* 属由来のプロテアーゼと比較すると，アルカリプロテアーゼにおけるアミノ酸の置換は C 末端側領域に集中しており，この領域の構造がアルカリ耐性にかかわっていると推定された．また，N 末端側の Arg19 と C 末端側の Glu265 および Arg269 の間で三重塩橋を形成しており，耐アルカリ性と耐熱性の両方に寄与していると考えられている．

　アルカリセルラーゼは，日本の洗剤に世界で初めて配合された極限酵素である．好アルカリ性 *Bacillus* 属細菌のアルカリ液体培養で生産されているセルラーゼは，アルカリ性だけではなく各種界面活性剤，キレート剤，プロテアーゼなどの洗剤成分にも耐性があるうえに，非晶性セルロースには作用するが結晶性セルロースには作用しないという大きな特徴を有している．この性質のため，木綿繊維そのものには影響を及ぼすことなく，非晶部に閉じ込められた汚れを落とす効果がある．また耐アルカリ性耐熱性の α アミラーゼは，衣料用や食器洗浄機用の洗剤の成分としての需要がある．

10.5　好塩性酵素[18]

　高い塩分濃度を好んで生育する好塩性微生物は，至適塩濃度に応じて，低度好塩性微生物(食塩濃度 0.2〜0.5 M)，中度好塩性微生物(食塩濃度 0.5〜2.5 M)，高度好塩性微生物(食塩濃度 2.5〜5.2 M)に分類される．とくに古細菌に属する高度好塩菌は，細胞外の高い浸透圧に対抗して細胞内に高濃度の塩化カリウムを蓄積しているため，高度好塩菌が産生する酵素は，菌体内酵素でも菌体外分泌酵素でも高濃度塩存在下で安定に機能する．一般に，好塩性酵素は酸性アミノ酸を多く含むという特徴を有している．これは，多数の酸性アミノ酸残基により大量の水分子を保持して塩析から逃れている，あるいは酸性アミノ酸の負電荷を中和して静電反発を減少させるために高濃度の塩を必要とする，などと推定されている．

　高度好塩菌から分離したヌクレオシド 2-リン酸キナーゼ(NDK)タンパク質の表面における多数の負電荷の分布を，図 10.7 に示す．このような酸性アミノ酸含量が高い好塩性酵素は高い可溶性のため，不可逆的な変性凝集体を形成しにくく，変性しても速やかに巻き戻る構造可逆性にすぐれていることが指摘されている．たとえば，βラクタマーゼは臨床用酵素として重要であるが，高温での熱処理後に温度を戻すと瞬時に高次構造を回復し，高い活性を示す β ラクタマーゼが中度好塩菌から単離されている．

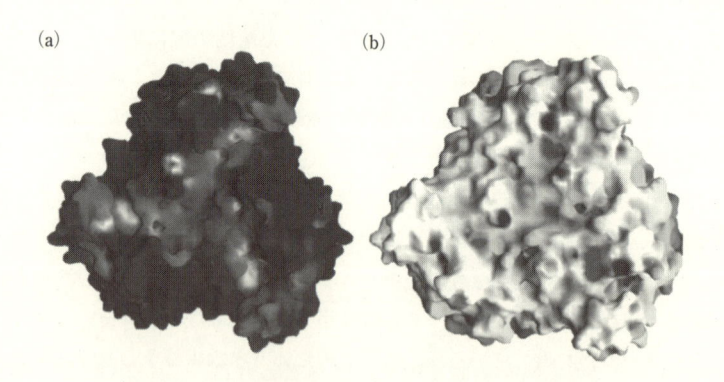

図 10.7　好塩性酵素と通常酵素における表面荷電の比較(負電荷を黒で示す)．(a) 好塩性酵素：高度好塩菌 *Halobacterium salinarum* 由来ヌクレオシド 2-リン酸キナーゼ(NDK)，(b) 通常酵素：ヒト由来 NDK．
[H. Besir et al., *FEBS Lett.*, **579**, 6595-6600(2005)]

10.6 おわりに

極限酵素は，産業用酵素としての応用面ばかりではなく，タンパク質立体構造の安定化といったタンパク質科学の発展にも大きな役割を果たしてきた．極限環境微生物は有用酵素の遺伝子資源として重用であり，近年では多くの極限環境微生物について全ゲノム解析がなされている．新規な有用極限酵素がこれからも発見され，利用されることを期待したい．

引用文献

1) 加藤千秋，微生物利用の大展開（今中忠行監修），pp.100-105，エヌ・ティー・エス（2002）
2) K. Takai, K. Nakamura, T. Toki, U. Tsunogai, M. Miyazaki, J. Miyazaki, H. Hirayama, S. Nakagawa, T. Nunoura, K. Horikoshi, *Proc. Natl. Acad. Sci. USA*, **105**, 10949-10954 (2008)
3) 藤原伸介，微生物利用の大展開（今中忠行監修），pp.35-45，エヌ・ティー・エス（2002）
4) 福居俊昭，藤原伸介，生物工学ハンドブック，pp.71-74，コロナ社（2005）
5) 跡見晴幸，今中忠行，生化学，**75**, 561-575 (2003)
6) 福居俊昭，バイオプロセスハンドブック，pp.129-136，エヌ・ティー・エス（2007）
7) C. Vieille, G.J. Zeikus, *Microbiol. Mol. Biol. Rev.*, **65**, 1-43 (2001)
8) C. Bertoldo, G. Antranikian, *Curr. Opin. Chem. Biol.*, **6**, 151-160 (2002)
9) K. Egorova, G. Antranikian, *Curr. Opin. Microbiol.*, **8**, 649-655 (2005)
10) A.R. Pavlov, N. V. Pavlova, S.A. Kozyavkin, A.I. Slesarev, *Trends Biotechnol.*, **22**, 253-260 (2004)
11) H. Atomi, *Curr. Opin. Chem. Biol.*, **9**, 166-173 (2005)
12) K. Shiraki, S. Nishikori, S. Fujiwara, H. Hashimoto, Y. Kai, M. Takagi, T. Imanaka, *Eur. J. Biochem.*, **268**, 4144-4150 (2001)
13) 高木昌宏，実験化学講座29（日本化学会編），バイオテクノロジーの基本技術，pp.118-129，丸善（2006）
14) A.L. Demain, M. Newcomb, J.H. Wu, *Microbiol. Mol. Biol. Rev.*, **69**, 124-154 (2005)
15) 福居俊昭，今中忠行，ゲノミクス・プロテオミクスの新展開（今中忠行監修），pp.129-141，エヌ・ティー・エス（2004）
16) 栗原達夫，江崎信芳，酵素の開発・利用の最新技術（今中忠行監修），第1編3章，シーエムシー出版（2007）
17) 伊藤進，微生物利用の大展開（今中忠行監修），pp.950-954，エヌ・ティー・エス（2002）
18) 徳永正雄，バイオプロセスハンドブック，pp.151-157，エヌ・ティー・エス（2007）

11 極限酵素を操作する

11.1 はじめに

　この地球上には，高温・低温環境，高pH・低pH環境，高濃度の塩環境など，生物の存在を阻むかのような極限的ともいえる自然環境が存在する．一部の微生物学者の精力的な研究により，このような極限環境にも微生物が生息していることが明らかにされ，このような微生物群は"極限環境微生物"とよばれるに至っている[1]（表11.1）．極限環境微生物が生産する酵素である"極限酵素"は，極限条件においても機能するものが多く，すでに実用化されているものも少なくない（10章参照）．しかしながら，極限酵素の極限条件における活性発現機構については不明な点が多く残されている．ここでは，代表的な極限酵素の1つであるアルカリ酵素に焦点をあて，これまで筆者らが行ってきたタンパク質工学研究の成果を紹介する．

表11.1　種々の極限環境に生育する極限環境微生物

環境因子	極限環境	極限環境微生物
温度	高温	好熱菌
	低温	好冷菌
pH	酸性	好酸性菌
	アルカリ性	好アルカリ性菌
塩濃度	高塩濃度	好塩菌
圧力	高圧	好圧菌
栄養素	高栄要素	高栄養菌
	低栄養素	低栄養菌
その他	—	放射線耐性菌
		重金属耐性菌
		有機溶媒耐性菌
		など

11.2 極限酵素としてのアルカリキシラナーゼ

β-1,4-キシラン(キシラン)は陸上植物の細胞壁中に多く含まれる多糖であり，D-キシロースが β-1,4 結合を介して連なった主構造をとる(図 11.1)．キシランの β-1,4 結合を加水分解する酵素が β-1,4-キシラナーゼ(キシラナーゼ)である．近年，キシラナーゼの各種産業への応用が注目を集めている[2]．たとえば，キシランをキシラナーゼで加水分解して得られるキシロオリゴ糖は，健康食品や化粧品成分として食品・化粧品業界で広く用いられている．またキシラナーゼは，パルプ漂白補助剤として製紙工業においても利用されている．それ以外にも，製パン業界における小麦粉の改質，畜産業界における家畜飼料の消化性向上など，キシラナーゼの応用分野は拡大の一途をたどりつつある．一般にキシランなどの多糖類はアルカリ性で水に溶けやすくなることから，産業応用を考えた場合，アルカリ性条件下で高活性を示すキシラナーゼが有利であることは論を待たない．

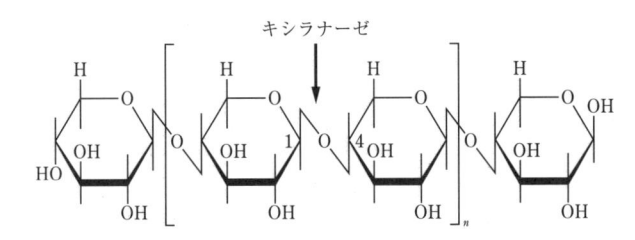

図 11.1 β-1,4-キシランの化学構造．

キシラナーゼは多くの細菌や糸状菌などによって生産される[2]．現在までに報告されている微生物由来のキシラナーゼの多くは，反応至適 pH を酸性から中性領域に有するものであった．一方，好アルカリ性微生物や耐アルカリ性微生物の生産するキシラナーゼも報告されている．これらのキシラナーゼの中には広い作用 pH 範囲をもつものもあるが，アルカリ性側に反応の至適を有する酵素はほとんど知られていなかった．

筆者らが土壌より分離した好アルカリ性細菌は，アルカリ性領域に反応の至適を有する新規なアルカリキシラナーゼ("キシラナーゼJ"と命名)を生産する[3]．筆者らは，アルカリ性条件下で高活性を示すキシラナーゼJに注目し，その活性発現機構の分子レベルでの解明と，さらなる機能向上をめざした研究を行ってきた．

11.3 キシラナーゼの反応機構

キシラナーゼを含む糖質関連加水分解酵素は，触媒ドメインのアミノ酸配列の相同性に基づき，112の糖質加水分解酵素(GH)ファミリーに分類されている(2008年現在)(http://194.214.212.50/CAZY/)．キシラナーゼは7つのファミリーに分布しているが，ファミリー10および11に属するものが大部分である．現在までに1000を超えるキシラナーゼのアミノ酸配列がデータベースに登録されているが，これらは2つのファミリーにほぼ均等(より厳密には，ファミリー10：ファミリー11＝13：9)に分布している．

細菌細胞壁分解酵素リゾチームに関しては，すでに詳細な研究がなされており，2つの酸性アミノ酸側鎖カルボキシル基が関与する触媒機構が提唱されている．そしてキシラナーゼの場合も，ファミリー10および11を問わず，リゾチームと同様な機構で反応が進行するものと考えられている[4]．すなわち，2つのカルボキシル基は互いに向かい合って存在し，そのうちの片方が一般酸塩基触媒として働き，もう一方が求核剤ならびに反応中間体のオキソカルボニウムイオンの安定化に機能するというものである(図11.2)．反応の前後において，基質である糖の還元末端のアノマー型が変わらないことから，この反応機構はリテイニング機構とよばれる．リテイニング機構においては，酸塩基触媒として働くカルボキシル基は，少なくとも反応直前までプロトンを保持し続けることが必要となる．たとえば，遊離型グルタミン酸(Glu)の側鎖カルボキシル基のpK_aはpH 4程度であるから，反応の至適を中性付近に有するキシラナーゼにおいても，酸塩基触媒残基の側鎖カルボキシル基のpK_aはかなり高まっていることになる．*Bacillus pumilus*に由来するファミリー11キシラナーゼにおいては，タンパク質工学検討により，触媒残基の2つのGluが同定されている[5]．

*B. pumilus*ファミリー11キシラナーゼのX線結晶構造解析[6]を皮切りに，キシラナーゼの結晶構造が相次いで解かれており，現時点でファミリー10および11合わせて200種類あまりの立体構造が報告されるに至っている(http://www.ebi.ac.uk/thornton-srv/databases/pdbsum/)．両ファミリーに属する酵素の基本骨格は互いに異なっており，ファミリー10キシラナーゼは$(\alpha/\beta)_8$バレル構造をとるのに対し，ファミリー11キシラナーゼはβジェリーロール構造をとる．加水分解反応が進行する活性部位はクレフト(cleft)とよばれるが，ファミリー10キシラナーゼに比べ，ファミリー11キシラナーゼは深いクレフトを有する(11.6節参照)．

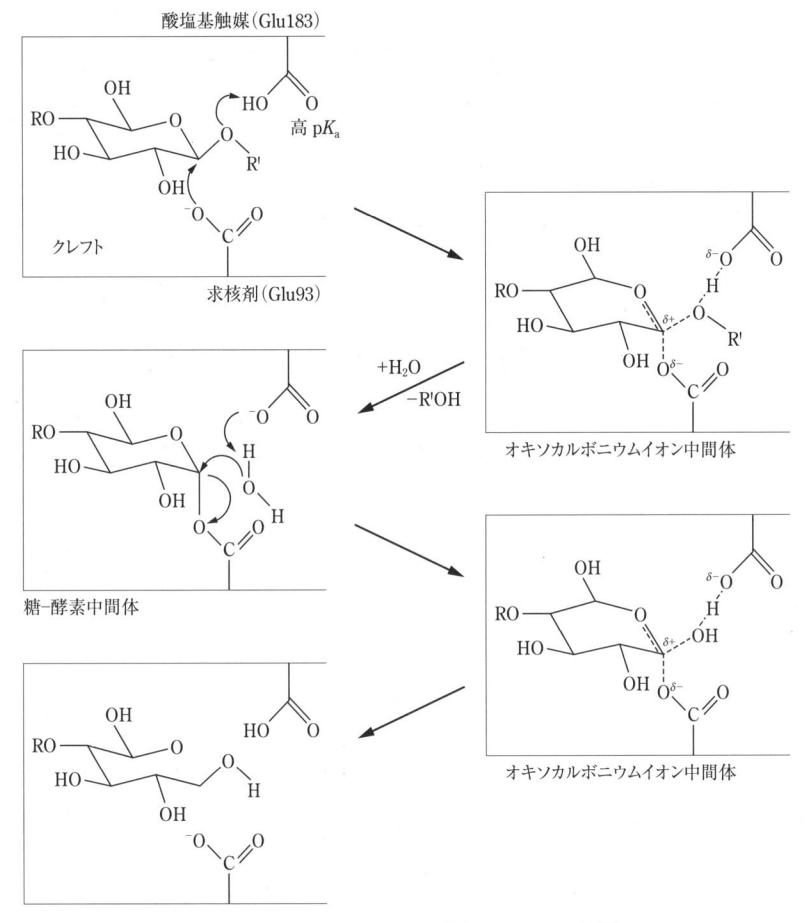

図 11.2　キシラナーゼの反応機構(リテイニング機構).

11.4　アルカリキシラナーゼ生産菌の検索と遺伝子解析

　千葉県の森林土壌より，キシラナーゼ生産菌である好アルカリ性 *Bacillus* sp. 41M-1株を分離した(図11.3)[3]．興味深いことに，分離土壌のpHはアルカリ性ではなく中性であったという．好アルカリ性微生物は，自身を取り囲むミクロ環境のpHを調節する能力を有しており，好アルカリ性微生物検索の対象は必ずしもアルカリ性土壌だけでないことに注意を要する．さて，この菌は培養上清中に複数のキシラナーゼを分泌生産する．そのうちの1つキシラナーゼJの精製を行い，その性質を調べた．そ

の結果，この酵素はアルカリ性領域(pH 9.0)に反応の至適を有していることがわかった．微生物に由来するキシラナーゼの反応至適 pH は酸性から中性付近にあるのが通例であり，アルカリ性領域に至適を有するキシラナーゼの報告は本酵素が初めてであった．また，キシラナーゼ J の活性は，他の多くのキシラナーゼと同様，N-ブロモコハク酸イミド(NBS)によって阻害された．NBS は芳香族側鎖を有するアミノ酸と相互作用することから，Trp や Tyr といった芳香族アミノ酸の触媒活性への関与が示唆された．

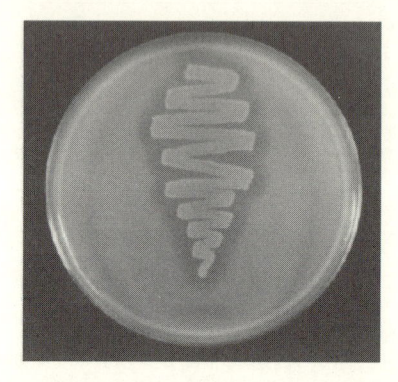

図 11.3 キシラナーゼ生産菌として分離した好アルカリ性 *Bacillus* sp. 41M-1 株．キシランを含むアルカリ性培地上で生育したコロニーの周囲には，キシラナーゼ活性に基づくハロー(halo)がみられる．

生産菌の染色体 DNA よりクローニングしたキシラナーゼ J 遺伝子には，1062 塩基からなる 354 アミノ酸をコードするオープンリーディングフレームが見いだされる[7,8]．遺伝子配列より類推されるキシラナーゼ J のアミノ酸配列を，他のキシラナーゼのものと比較した．その結果，キシラナーゼ J のアミノ(N)末端側 2/3 の領域は，中性細菌である *B. pumilus* や *B. circulans* などに由来するファミリー 11 キシラナーゼと高い相同性を有していることがわかった(図 11.4)．これより，キシラナーゼ J の N 末端 2/3 の領域は触媒活性を司る触媒ドメインであり，本酵素の触媒ドメインもファミリー 11 に属するものと考えられた．一方，糸状菌 *Aspergillus kawachii* のキシラナーゼもファミリー 11 に属する．この酵素の反応の至適は pH 2.0 であり，同じファミリー 11 に属しながらアルカリ性領域に至適を有するキシラナーゼ J と好対照である．

一方，キシラナーゼ J のファミリー 11 触媒ドメインのカルボキシル(C)末端側には，約 100 残基からなるポリペプチド領域が結合していた．当初，この C 末端側 1/3 に相当する領域と既知タンパク質との間に顕著なアミノ酸配列の相同性は認められず，その機能は不明であった(1993 年当時)．そしてその後の解析により，この領域は糖

11.5 キシラナーゼJの触媒活性に関与するアミノ酸残基の特定

```
41M-1 XynJ         1   AITSNEIGTHDGYDYEFWKDSGGSGSMTLNSGGTFSAQWSN--VNNILFRKGKKFDET-QTHQQIGNMSINYG   70
B. pumilus XynA        RTITNNEMGNHSGYDYELWKDYGNT-SMTLNNGGAFSAGWNN--IGNALFRKGKKFDST-RTHHQLGNISINYN
B. circulans XlnA      ASTDYWQNWTDGGGIVNAVNGSGGNYSVNWSN--TGNFVVGKGWTTGSPFRT-------INYN
T. reesei XynII        QTIQPGTGYNNGYF-YSYWNDGHGG---VTYTNGPGGQFSVN--WSNSGNFVGGK-GWQPGT----KNKVINF-
A. kawachii XynC         SAGINYVQNYNGNLADFTYDE--SAGTFSMYWEDGVSSDFVVGLGWTTGS--------SN-AISYS

41M-1 XynJ        71   AT-YNPNG-NSYLTVYGWTVDPLVEFYIV-DSWGTWRPPGGTPK-GTINVDGGTYQIYETTRYNQPSIKGT-ATF  140
B. pumilus XynA        AS-FNPSG-NSYLCVYGWTQSPLAEYYIV-DSWGTYRPTGAY-K-GSFYADGGTYDIYETTRVNQPSIIGI-ATF
B. circulans XlnA      AGVWAPNG-NGYLTLYGWTRSPLIEYYVV-DSWGTYRP-TGTYK-GTVKSDGGTYDIYTTTRYNAPSIDGDRTTF
T. reesei XynII        SGSYNPNG-NSYLSVYGWSRNPLIEYYIV-ENFGTYNPSTGATKLGEVTSDGSVYDIYRTQRVNQPSIIGT-ATF
A. kawachii XynC       AEYS-ASGSSSYLAVYGWVNYPQAEYYIVED-YGDYNPCSSATSLGTVKSDGSTYQVCTDTRTNEPSITGT-STF

41M-1 XynJ       141   QQYWSVRTSKRTSG---TISVSEHFRAWESLGMNMGNMYE-VALTVEGYQSSGSANVYSNTLTIGG  202...
B. pumilus XynA        KQYWSVRQTKRTSG---TVSVSAHFRKWESLGMNMGKMYE-TAFTVEGYQSSGSANVMTNQLFIGN
B. circulans XlnA      TQYWSVRQSKRPTGSNATITFTNHVNAWKSHGMNLGSNWAYQVMATEGYQSSGSSNVTVW
T. reesei XynII        YQYWSVRRNHRSSGSVNTAN---HFNAWAQQGLTLGTM-DYQIVAVEGYFSSGSASITVS
A. kawachii XynC       TQYFSVRESTRTSG---TVTVANHFNFWAQHGFGNSDF-NYQVMAVEAW-S-GAGSASVTISS
```

図 11.4 ファミリー 11 キシラナーゼのアミノ酸配列比較．キシラナーゼJ(41M-1 Xyn J)触媒ドメイン領域のアミノ酸配列を，各種ファミリー 11 キシラナーゼのものと比較した．すべての酵素において保存されているアミノ酸残基はアステリスク(*)で示す．

質結合モジュール(CBM)ファミリー 36 に属するキシラン結合ドメイン(XBD)であることが確認された．このXBDは不溶性キシラン基質に特異的に結合し，隣接する触媒ドメインによる不溶性キシランの加水分解を促進する働きをもつことが示されている[7,8]．

以上述べてきたように，キシラナーゼJは2つのドメインから構成されるマルチドメイン酵素であり，そのドメイン構成を図11.5に模式的に示す．

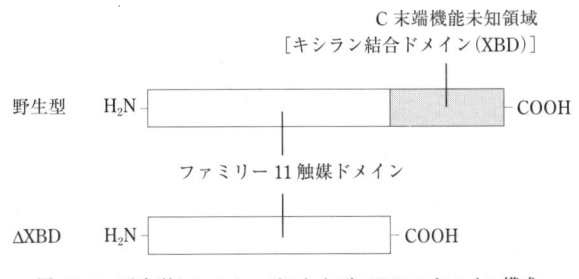

図 11.5 野生型キシラナーゼJおよびΔXBDのドメイン構成．

11.5 キシラナーゼJの触媒活性に関与するアミノ酸残基の特定

キシラナーゼJの触媒活性に関与するアミノ酸残基を特定する目的で，その触媒ドメインにアミノ酸置換を施した変異型酵素を調製し，種々のpHにおいて野生型酵素との活性比較を行った．その際ファミリー 11 キシラナーゼにおいて，保存性の高い酸性アミノ酸残基を置換の対象とした．すでに B. pumilus キシラナーゼにおいて触

129

媒残基として同定されている2つのGlu残基は，他のすべてのファミリー11キシラナーゼにおいても保存されており，キシラナーゼJにおいてはGlu93およびGlu183が対応する(図11.2参照)．これら2つのGluのGlnへの置換(それぞれ，変異体E93QおよびE183Q)により，活性が大きく低下したことから(表11.2)，本酵素においてもGlu93およびGlu183が触媒残基として機能していると考えられた[7,8]．その後，*B. circulans*キシラナーゼの酸塩基触媒および求核剤残基が，変異型酵素-基質複合体のX線結晶構造解析により，それぞれ同定された[9]．キシラナーゼJにおいても同様な機構で反応が進行するものと仮定すると，Glu183が酸塩基触媒，Glu93が求核剤ということになる．キシラナーゼJはアルカリ性条件下で高活性を示すことから，本酵素のGlu183側鎖カルボキシル基は，中性酵素に比べてさらに高いpK_a値を有しているものと推察された．

キシラナーゼJの活性はNBSによる阻害を受け，TrpやTyrなどの芳香族アミノ酸残基の活性への関与が示唆されていた(11.4節参照)．そこで，この酵素の触媒ドメイン中に存在するTrpおよびTyrのうち，11ヵ所にアミノ酸置換(いずれもPheへの置換)を施した．その結果，Trp18，Trp86，Tyr84およびTyr95の触媒活性への関与が示唆された(表11.2参照)[7]．*B. circulans*キシラナーゼにおいても，対応するTyr残基の触媒活性への関与が報告されている[9]．これらの芳香族アミノ酸残基のキシラナーゼJにおける役割については，11.6節で述べる．

表11.2 各種キシラナーゼJ変異体の比活性

酵素	比活性/U mg^{-1}		
	pH 5.0	pH 7.0	pH 9.0
野生型	106	115	140
D20N	59	60	19
E93Q	0.1	0.1	0.2
E183Q	<0.008	<0.008	<0.008
W18F	27	31	19
W86F	15	15	14
W100F	104	104	120
W103F	93	100	140
W144F	81	104	62
W165F	54	52	85
Y80F	65	73	90
Y84F	0.03	0.04	0.02
Y95F	0.02	0.03	0.02
Y121F	72	78	94
Y143F	63	68	96
Y185F	85	92	110

[S. Nakamura, *Catal. Surveys Asia*, **7**, 157-164(2003)]

ところで，Asp20をAsnに置換した変異型酵素D20Nは，アルカリ性における活性は低下したものの，酸性～中性域では野生型酵素と同様な活性を保持しており，当該アミノ酸置換により反応至適pHが酸性側にシフトしたことが明らかとなった(表11.2参照)[7,8]．またTrp144のPheへの置換によっても，反応至適pHの酸性側へのシフトが観察された．Asp20およびTrp144は，必ずしもキシラナーゼJのみに特徴的な配列ではなく，他の中性酵素においても比較的高く保存されている(図11.4参照)．これらのアミノ酸残基の置換により反応至適pHがシフトした理由は不明であるが，アミノ酸置換により反応至適pHを人工的に制御できる可能性を示したことは高く評価されるものと自負している．

11.6 キシラナーゼJの立体構造と触媒部位の構成

最近になり，キシラナーゼJのX線結晶構造解析が行われ，立体構造が決定された(図11.6，タンパク質データバンク(PDB)の登録ID：2DCKおよび2DCJ)．これまでに，触媒ドメインと糖質結合モジュールの立体構造を別々に解析した例はあるが，完全長のマルチドメインキシラナーゼの立体構造を決定したのは，本酵素が初めてである．キシラナーゼJの触媒ドメイン領域は，ファミリー11キシラナーゼに保存されているβジェリーロール構造をとることがわかった．すなわち，2枚のβシートがサンドイッチ状に重なり，反応場としてのクレフトを形成している．一方，XBDの構造も触媒ドメインと同様にβジェリーロール構造をとるが，触媒ドメインに比して基質結合クレフトは小さい．そして，XBD領域には2つのCa^{2+}原子が含まれることがわかった．XBDが属するCBMファミリー36の糖質結合モジュールについては，*Paenibacillus polymyxa*キシラナーゼに含まれる糖質結合モジュールの立体構造が報

キシラン結合ドメイン(XBD)

触媒ドメイン

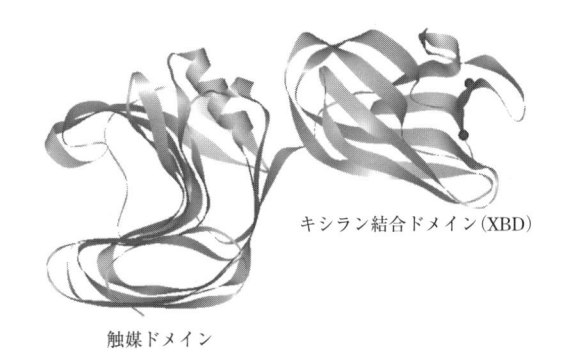

図11.6 キシラナーゼJの立体構造．XBDに存在するCa^{2+}原子を黒丸で示す．

告[10)]されているが,本酵素のXBDも同様な基本構造をとる.

これまでに同定したキシラナーゼJの触媒活性に関与するアミノ酸残基の立体構造上の位置を見てみると,触媒残基と同定されたGlu93およびGlu183は,クレフト内部中央付近に互いに向かい合って存在していた(図11.7(a)).また,触媒活性への関与が示唆されたTrpおよびTyrは,いずれもクレフト内部の触媒残基近傍に位置することがわかった.糖質関連加水分解酵素における基質の認識・結合には,芳香族アミノ酸が重要な役割を果たすことが知られており,これらのTrpやTyrも基質キシランの認識・結合に関与していることが示唆された.近年,*B. circulans*[9)]や糸状菌*Trichoderma reesei*[11)]に由来するキシラナーゼの酵素–基質複合体のX線結晶構造が解かれ,基質結合に関与する5つのサブサイト(−2から+3)が同定されるに至っている.キシラナーゼJにおいても,対応するTrp18(−2),Tyr84(−1),Tyr95(+1),Trp144(+2)およびTyr124(+3)がサブサイトを形成している可能性が考えられた(図11.7(b)).けっきょくのところ,先のタンパク質工学検討によりキシラナーゼJの触媒活性への関与が明らかにされた4つの芳香族アミノ酸のうち,3つはサブサイトの

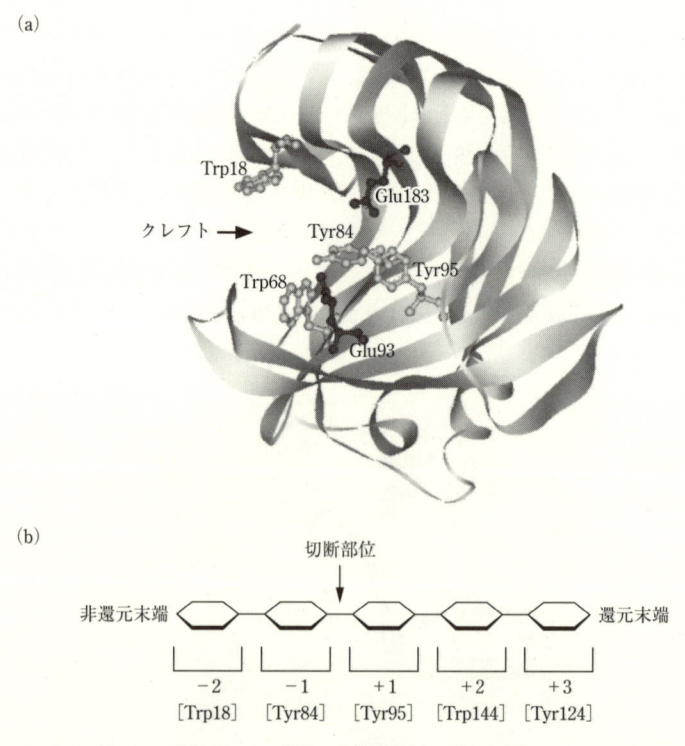

図11.7 キシラナーゼJ触媒ドメイン領域の立体構造(a),および類推されるサブサイト(b).

構成残基であったことになる．なかでもアミノ酸置換により活性が大幅に低下したTyr84およびTyr95は，触媒活性発現にとりわけ重要な働きを担うと思われるサブサイト−1および+1に位置していた．また，置換導入により反応至適pHの酸性シフトが観察されたTrp144は，サブサイト+2に位置していたことは興味深い．

11.7 キシラナーゼJのアルカリ性条件における活性発現機構解明と耐アルカリ性のさらなる向上

　キシラナーゼJの立体構造が決定されたことにより，この酵素と他のファミリー11キシラナーゼ(主として中性および酸性酵素)との構造比較が可能となった．そして，キシラナーゼJを含むアルカリキシラナーゼの触媒ドメイン領域には，他の中性および酸性キシラナーゼにはみられない塩橋が存在することが明らかとなった(表11.3)．これらの塩橋は，本酵素のクレフト内部でネットワークを形成していることから(図11.8)，本酵素の耐アルカリ性に関与している可能性が考えられた．

　そこで，キシラナーゼJの耐アルカリ性に対するこれら塩橋の関与を調べることにした．すなわち，キシラナーゼJの触媒ドメイン領域のみから構成される欠失型酵素ΔXBD(図11.5参照)を基盤として，塩橋を形成する酸性アミノ酸(Asp14, Glu16, Glu177)および塩基性アミノ酸(Arg48, Lys51, Lys52)を，それぞれ中性アミノ酸へ置換することで，塩橋を破壊した変異型酵素を調製し，それらの反応pH依存性を調べた．アミノ酸置換を含まないΔXBDの反応の至適はpH 8.5であった．一方，大部分の変異型酵素においては，反応至適pHの酸性側(pH 5.0から6.0)へのシフトが観察された(図11.9(a))．キシラナーゼJに特徴的な塩橋を破壊することで，反応至適pHが酸性側にシフトしたことから，これらの塩橋は本酵素のアルカリ性条件における活性発現に重要な役割を果たしていることが明らかとなった[12]．

　次に，塩橋を形成するアミノ酸残基のうち，Lys51およびLys52をArgへ置換することで塩橋の強化を試みた．調製した変異型酵素の1つΔXBD$_{K51R}$においては，反応の至適が野生型のpH 8.5からpH 9.0へとアルカリ性側にシフトしていた(図11.9(b))．いくつかのファミリー11に属する酸性および中性キシラナーゼにおいても，タンパク質工学や進化分子工学の手法により反応至適pHをアルカリ性側にシフトさせた例が報告されているが，アルカリ酵素の反応至適pHをさらにアルカリシフトさせたのはこの研究のみである[12]．一方ΔXBD$_{K51R}$とは対照的に，ΔXBD$_{K52R}$ではアルカリ性域での活性低下が観察された(図11.9(b)参照)．アミノ酸置換により局所的な立体障害が生じ，結果として塩橋ネットワークが崩れてしまった可能性が考えられよう．このように，キシラナーゼJの耐アルカリ性機構に不明な点は残されているものの，

表11.3 ファミリー11キシラナーゼに存在する塩橋の比較[†]

アルカリキシラナーゼ			中性キシラナーゼ		酸性キシラナーゼ	
Bacillus sp. 41M-1 ΔXBD	*Bacillus agaradhaerens* Xyn11	*Bacillus subtilis* Xyn11X	*Dictyoglomus thermophilum* XynB	*Streptmyces* sp. S38 Xyn1	*Aspergillus kawachii* XynC	*Aspergillus niger* XYLA1
His10–Asp11	His11–Asp12	His12–Asp13				
Asp14–Lys51	Asp15–Lys52	Asp16–Lys53				
Glu16–Arg48	Glu17–Arg49	Glu18–Arg49	Glu16–Arg47			
Glu16–Lys52	Glu17–Lys53	Glu18–Lys53				
Arg48–Glu177	Arg49–Glu178	Arg49–Glu177				
Glu177–Lys52	Glu178–Lys53	Glu177–Lys53	Asp173–Lys51			
Glu55–Lys135	Glu56–Lys136					
			Arg63–Asp114			
His59–Glu166	His60–Glu167	His60–Glu166				
				Arg58–Asp156		
Glu93–Arg128	Glu94–Arg129	Glu94–Arg128	Glu90–Arg125			
Asp98–Arg128	Asp99–Arg129	Asp99–Arg151	Glu95–Arg148	Glu87–Arg121	Glu84–Arg138	Glu84–Arg138
Asp98–Arg147	Asp99–Arg148	Asp99–Arg147	Glu95–Arg144	Asp92–Arg144	Glu84–Arg134	Glu84–Arg134
			Glu95–His158	Asp92–Arg140	Glu84–His148	Glu84–His148
	Arg105–Asp123	Arg105–Asp122	Arg101–Asp119	Arg98–Asp115		
Lys111–Glu125	Lys111–Glu125	Lys111–Glu125				
	Glu126–Lys142	Glu125–Lys141	Arg122–Asp138		Asp104–Arg138	Asp104–Arg138
Asp117–Arg151	Asp117–Arg152	Asp117–Arg151	Asp114–Arg148	Asp110–Arg144	Asp104–Arg134	Asp104–Arg134
					Asp104–His148	Asp104–His148
Asp117–His161	Asp118–His162	Asp117–His161	Asp114–His158	Asp110–His154	Arg115–Asp114	Arg115–Asp114
					Arg115–Glu118	Arg115–Glu118

[†] 塩橋を形成している酸性アミノ酸および塩基性アミノ酸をハイフンで結んで示す. また, アルカリキシラナーゼおよび一部の中性キシラナーゼにおいて, クレフト内部でネットワークを形成している塩橋を四角枠で囲んだ

(a)

(b)

| Asp14 — Lys51 |
| Glu16 — Lys52 |
| | | |
| Arg48 — Glu177 |

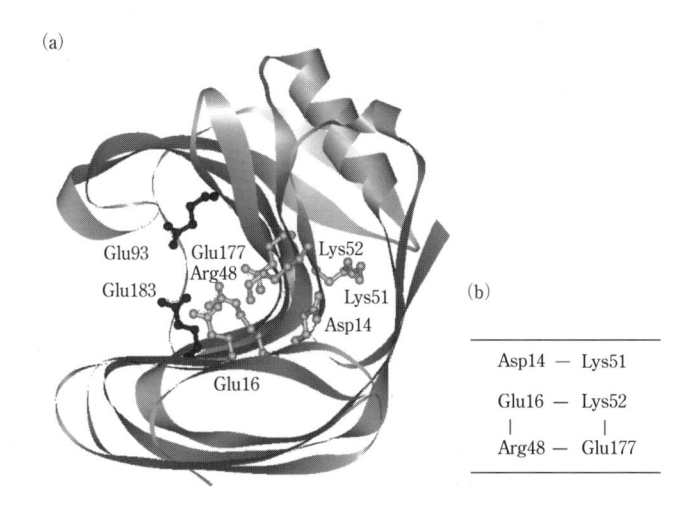

図 11.8　ΔXBD のクレフト内部に存在する塩橋の位置(a)，および塩橋ネットワーク(b)．

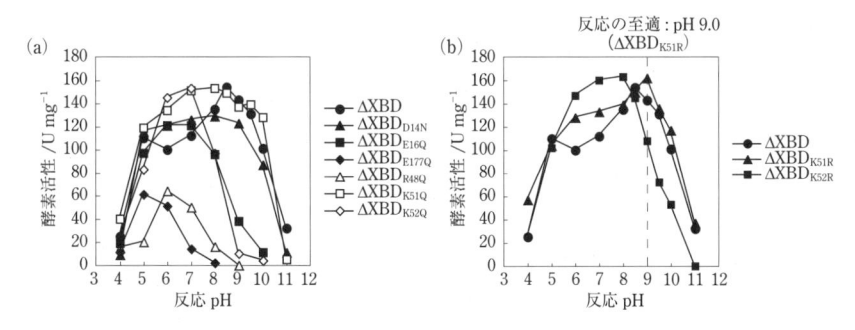

図 11.9　野生型 ΔXBD および塩橋を破壊(a)，または強化(b)した変異型酵素の反応 pH 依存性．

塩橋の強化によるアルカリシフトの成功によって，本酵素の耐アルカリ性のさらなる向上へ向け，大きな一歩を踏み出したといえよう．

11.8　おわりに

アルカリ性条件において高活性を示すキシラナーゼ J に注目し，その活性発現機構の分子レベルでの解明とさらなる機能向上をめざした研究を行ってきた．研究の第 1 段階においては，タンパク質工学的手法を駆使した地道な研究が中心となるが，その中でキシラナーゼ J の触媒活性に関与するアミノ酸残基の特定に成功し，またアミノ

酸置換による反応至適 pH の人工制御への道を開くことができた．そして，キシラナーゼ J の立体構造が明らかとなって以降の第 2 段階では，触媒ドメインのクレフト内部に存在する特徴的な塩橋が，この酵素のアルカリ性条件における活性発現に重要な役割を果たしていることを明らかにした．また，アミノ酸置換によって当該塩橋を強化することで，もともと高アルカリ性領域にある本酵素の反応至適 pH を，さらにアルカリ性側へシフトさせることに成功している．

今後は，これらの塩橋がどのような機構により耐アルカリ性に寄与しているのかについて調べていく必要がある．この研究の成果は，キシラナーゼ J 以外のファミリー 11 キシラナーゼについても適応可能であり，ファミリー 11 キシラナーゼの反応至適 pH を自由自在に操作できる時代は，すぐそこまで来ているといえよう．

引用文献

1) 掘越弘毅，関口武司，中村　聡，井上　明，極限環境微生物とその利用，講談社(2000)
2) K.K.Y. Wong, L.U.L. Tan, J.N. Saddler, *Microbiol. Rev.*, **52**, 305-317(1988)
3) S. Nakamura, K. Wakabayashi, R. Nakai, R. Aono, K. Horikoshi, *Appl. Environ. Microbiol.*, **59**, 2311-2316 (1993)
4) N.R. Gilkes, B. Henrissat, D.G. Kilburn, R.C. Miller Jr., R.A.J. Warren, *Microbiol. Rev.*, **55**, 303-315(1987)
5) E.P. Ko, H. Akatsuka, H. Moriyama, A. Shinmyo, Y. Hata, Y. Katsube, I. Urabe, H. Okada, *Biochem. J.*, **288**, 117-121(1992)
6) Y. Katsube, Y. Hata, H. Yamaguchi, H. Moriyama, A. Shinmyo, H. Okada, *Protein Engineering : Protein Design in Basic Research, Medicine and Industry*, pp.91-96, Japan Scientific Societies Press(1990)
7) S. Nakamura, *Catal. Surveys Asia*, **7**, 157-164(2003)
8) 中村　聡, *BIO INDUSTRY*, **20**, 5-16(2003)
9) W.W. Wakarchuk, R.L. Campbell, W.L. Sung, J. Davoodi, M. Yaguchi, *Protein Sci.*, **3**, 467-475(1994)
10) S. Jamal-Talabani, A.B. Boraston, J.P. Turkenburg, N. Tarbouriech, V.M.-A. Ducros, G.J. Davies, *Structure*, **12**, 1177-1187(2004)
11) A. Torronen, J. Rouvinen, *Biochemistry*, **34**, 847-856(1995)
12) H. Umemoto, Ihsanawati, M. Inami, R. Yatsunami, T. Fukui, T. Kumasaka, N. Tanaka, S. Nakamura, *Nucl. Acids Symp. Ser.*, **51**, 461-462(2007)

12 非水溶媒中で酵素を利用する

12.1 はじめに

　生体内のさまざまな反応は酵素によって特異的に触媒され，化学触媒による有機合成反応では困難な反応を温和な条件で構造特異的に進行させることが，酵素反応の特徴としてあげられる．触媒は正・逆反応を同様に加速させるため，反応条件によっては本来の触媒反応の逆反応を加速させることが期待される[1]．リパーゼ，プロテアーゼおよびグリコシダーゼのような加水分解酵素は，水溶液中でそれぞれエステル結合，アミド結合およびグリコシド結合の加水分解を触媒するが，反応条件によっては逆反応である縮合反応が進行する．この反応は媒体が水であるから，沈殿が生ずることで平衡がずれ，かろうじて縮合側に傾く程度なので，収率はあまり高くない．また，反応系内の水含量を低下させても，平衡がシフトして逆反応である脱水縮合を触媒するだろう．たとえば，有機溶媒を添加した水中，もしくは非水有機溶媒中での反応があげられるが，生体中での酵素反応における媒体は水であるため，有機溶媒中では酵素が失活するものと考えられる．すなわち酵素の活性状態のコンホメーションは，水溶液中で熱力学的に安定なように，親水性アミノ酸残基を表面に向けて疎水性残基を内部にたたみ込んでいる状態であるが，疎水環境では不安定であり，大きな構造変化が起きているはずである．しかしながら，有機溶媒中での酵素の構造やその機能がしだいに明らかにされるのに伴い，酵素の化学修飾や固定化により有機溶媒中での酵素反応が可能であることが明らかにされてきた[2]．筆者らはこれまで，酵素の表面を脂質分子で被覆することで有機溶媒中に酵素が可溶化され，有機溶媒中での均一系酵素反応が効率よく進行することを，さまざまな酵素について明らかにしてきた[3,4]．

　ここでは，まず有機溶媒中での酵素反応の研究例を取り上げてその特徴と問題点について述べ，さまざまな種類の脂質修飾酵素による有機溶媒中での反応について概説

137

する.さらに,非水溶媒として超臨界流体を反応溶媒として用いる反応例についても紹介する.

12.2 有機溶媒中での酵素反応

一般に酵素は有機溶媒に対して不安定であるので,有機溶媒中で活性を保つためにはなんらかの工夫をする必要がある.たとえば,水と混和する有機溶媒を少量含む水溶液中での反応では,酵素とともに疎水性基質を溶解させて均一系で反応が進行するが,加水分解酵素による逆反応の活性は,反応系内に大過剰の水分子が存在するため,あまり高くない.近年,非水系または微水系の有機溶媒中での酵素反応について研究が活発に行われており,以下にこれまでに行われてきた手法(図12.1)をまとめる[5].

(a) W/Oエマルジョン法:酵素を少量の水に溶解し,水に難溶性の基質を非極性の有機溶媒に溶かし激しく撹拌して,油水(W/O)エマルジョン界面で反応を行う方法である.系内に界面活性剤を加え,逆ミセル状態で反応を行う方法もある.酵素を逆ミセルを介して有機溶媒中に溶解させることはできる.しかしながら,逆ミセルを形成させるためには,少なくとも基質濃度をはるかに超えるだけの量の水を必要とするため,どうしても加水分解は避けられない.

(b) ゲル包括法:水で膨潤した高分子ゲル内に酵素を包括して有機溶媒に入れ,不

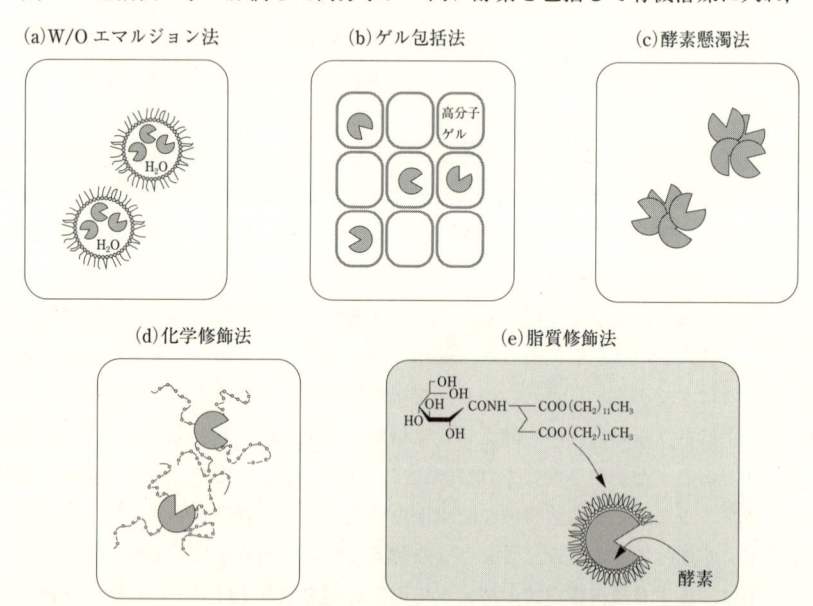

図12.1 有機溶媒中でのさまざまな酵素反応系.

均一系で反応を行う方法である．酵素は有機溶媒と接触しないために安定であるが，基質がゲル内を拡散してから反応するため，反応速度は遅い．

(c)酵素懸濁法：有機溶媒中に多量の未精製の粉末酵素を分散させ，不均一系で反応を行う方法である．固体触媒を用いる固-液二相の不均一系の化学反応に相当する．また，固定化酵素による触媒反応もこの方法に相当し，これらは有機溶媒中での酵素反応において最もよく研究されている系である．未精製のまま酵素を使用するので，特別な手法を用いなくてもよいという特徴がある．懸濁反応なので酵素1分子あたりの活性はかなり低く，多量の酵素を用いなければならない．また，酵素の分散状態により反応性が大きく左右されてしまうなどの欠点もある．

(d)化学修飾法：酵素の表面に，両親媒性ポリマーであるポリエチレングリコール(PEG)などを共有結合で修飾して，有機溶媒に可溶化させる方法である．酵素が有機溶媒に溶けるようになり，均一系で反応できるため活性は高いが，その調製法はむずかしい．

筆者らは，酵素を有機溶媒中に可溶化させる第5の方法として，酵素表面を脂質分子で被覆する方法を開発し，脂質被覆酵素(図12.1(e))が，さまざまな反応の触媒として有効であることを明らかにした．

12.3 脂質修飾酵素の作製

酵素は，その表面が親水的であるため水中では溶解し安定であるが，有機溶媒中では不溶であるため凝集して失活してしまう．酵素表面を疎水的にすれば，有機溶媒に溶解でき，かつ酵素が安定化することが期待できる．筆者らは，酵素表面を脂質単分子膜で被覆した酵素-脂質複合体を作製し，有機溶媒中での酵素機能について検討した．まず，油溶性エステルを基質とするため有機溶媒中での研究に適していると考えられるリパーゼを用いて，合成糖脂質で被覆した．脂質修飾酵素の調製方法は，共有結合で化学修飾することにより酵素を疎水化する方法と比較して，きわめて簡単である．すなわち，酵素の水溶液と脂質の水分散液を氷冷下で混合し，析出した沈殿物を水で洗浄後，凍結乾燥することにより得られる．得られた粉末は水には不溶で，クロロホルム，イソオクタンやイソプロピルエーテルなど有機溶媒に溶解する．このようにして調製した脂質被覆酵素では，脂質分子が酵素表面を1～2層覆っていることが，UVスペクトル，元素分析，ゲル浸透クロマトグラフィー分析などからわかった．またさまざまなスペクトル解析により，酵素の表面と脂質の親水基が水素結合により結合していることが明らかになった．これらの結果より，脂質のジアルキル基が外側に向いている構造のために，有機溶媒に可溶化するものと考えられる．

12.4 脂質修飾酵素を用いる有機溶媒均一系でのエステル合成反応

リパーゼは本来トリグリセリドの加水分解酵素であるが，水のない有機溶媒中では，疎水性カルボン酸とグリセリンなどのアルコールとから，逆反応のエステル化反応を触媒すると期待できる．無水イソオクタン中で，脂質修飾リパーゼを用いてモノラウリンとラウリン酸からトリグリセリドを合成する反応を行い，従来から行われてきた有機溶媒中でのエステル化反応研究例と比較して，結果を図 12.2 に示す．リパーゼを少量の水に溶解してイソオクタンに懸濁する W/O エマルジョン系では，トリグリセリドはほとんど生成しなかった．この系では酵素を溶かすために少量の水を用いるため，加水分解反応が優先的に進行したからである．またリパーゼをイソオクタン中に懸濁する方法では，反応は進行するが効率は悪い．これは酵素が溶けずに粉末表面でのみ反応が起こるために，酵素 1 分子あたりの効率が悪いと考えられる．一方 PEG をグラフト化したリパーゼでは，疎水的な PEG 鎖のために，酵素はイソオクタン中に可溶化されエステル化は効率よく進行したが，70% の収率付近で頭打ちになっ

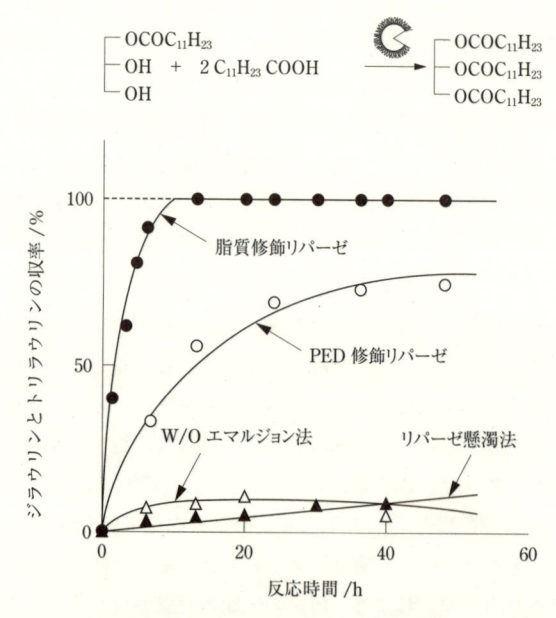

図 12.2 トリグリセリド合成反応における種々の酵素修飾法の比較 (40℃)．イソオクタン 2.5 mL 中，モノラウリン 50 mM，ラウリン酸 500 mM，リパーゼ 1 mg．

てしまう．これは，PEG 鎖が副生した水を保持するために逆反応が起こり，反応収率が低くなったものと考えられる．これらの方法に対して脂質修飾酵素を用いれば，3 時間で 100％の収率でエステル化が進行した．これは，脂質修飾リパーゼがイソオクタン中に均一に溶け，有機溶媒中でも失活しなかったため，従来の上記の方法では得られなかった高い活性を有していることになる．また酵素の安定性を調べるために，脂質修飾リパーゼを所定時間有機溶媒に溶解させてから残存活性を測定したところ，20 日後でも調製時の 80％の活性を示しており，酵素表面を脂質単分子膜で覆うだけで，有機溶媒中でも安定に存在できることがわかった．

　脂質修飾リパーゼは，図 12.3(1)に示すように無水イソオクタン中で 1-フェニルエタノール(ラセミ体)とラウリン酸のエステル化反応も効率よく触媒し，このときは R 体の 1-フェニルエタノールのみをエステル化するので，不斉分割触媒として用いることができる．脂質修飾法は他の酵素にも広く応用できる．たとえば，ホスホリパーゼ D はリン脂質の頭部コリン基を加水分解する酵素としてよく知られているが，脂質修飾酵素にするとイソオクタン中でリン脂質とアルコール分子のエステル交換反応を触媒し，高収率でさまざまな水酸基をもつ分子が導入されたリン脂質を合成できる(図 12.3(2))．この反応は，親水的な薬物をリン脂質に結合させることによって疎水化し，細胞内への導入を容易にする方法として有用である．コレステロールオキシダーゼはコレステロール酸化酵素であるが，水中では基質であるコレステロールの溶解度が低く反応が進行しにくい．脂質修飾コレステロールオキシダーゼにすれば，イソオクタン中で高濃度で酸化体であるコレステノンの合成触媒として利用できる(図 12.3(3))．脂質修飾 β-D-ガラクトシダーゼは，イソプロピルエーテル中で糖転移反応を触媒する(図 12.3(4))．ガラクトシダーゼ以外のグリコシダーゼでも，さまざまな配糖体が得られることがわかった．たとえば，2 本のアルキル鎖からなる疎水性アルコールを基質に用いると，一段階の反応で糖脂質を合成できることになる点から有用であると考えられる．

　基本的には，脂質修飾法は各種の酵素に適用できるが，有機溶媒中で酵素を用いる利点としては，水中では進行しない反応(たとえば加水分解の逆反応であるエステル化，グリコシル化など)を触媒させる，水に溶けにくい疎水性基質が使える，水中とは異なる基質選択性になる，ということなどが期待できる．

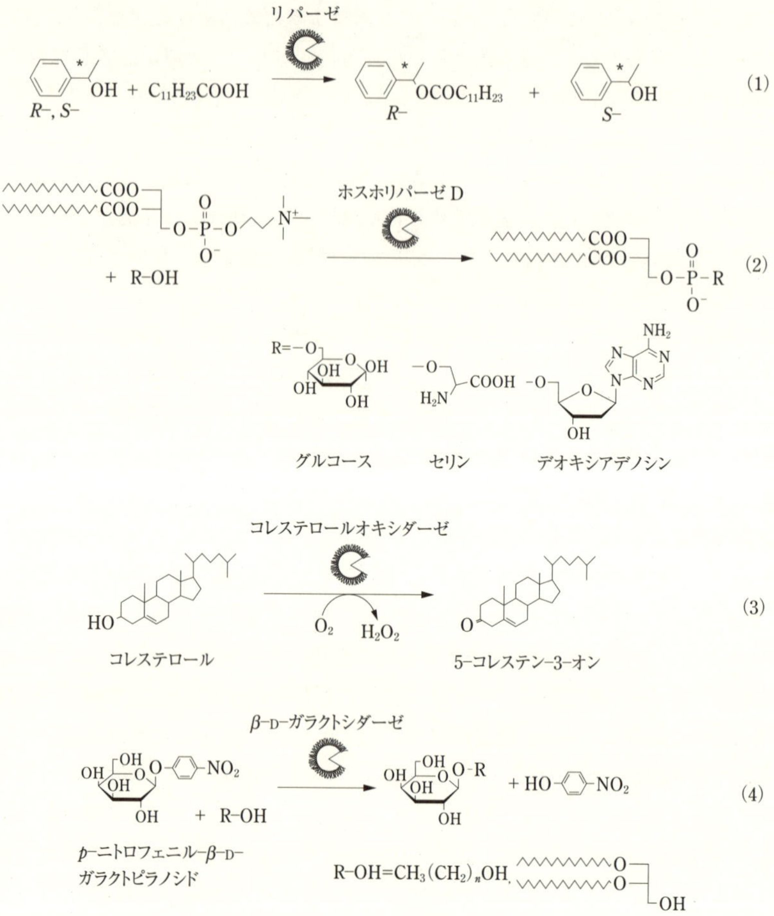

図12.3 脂質修飾酵素が有機溶媒中で触媒する反応.

12.5 超臨界流体を媒体とする酵素反応[6]

12.5.1 反応媒体としての超臨界流体

　超臨界流体はこれまでに，その拡散性が高いことからおもに抽出媒体として実用化されてきた．しかし最近，水，有機溶媒に続く第三の媒体として，「超臨界流体」がさまざまな有機反応場として注目されるようになってきた．たとえば，超臨界水は高温高圧をかけることによりプロトンや水酸基が遊離の状態で存在できることから，プラ

12.5 超臨界流体を媒体とする酵素反応

スチックやダイオキシンの分解溶媒として実用化されつつある．超臨界水は活性が高いが高温高圧にする必要があるため，最近では100気圧，240℃でも超臨界化できる超臨界メタノールも，プラスチック分解の反応媒体として注目を集めている[7]．

超臨界二酸化炭素は，環境に負荷の少ない，穏和な条件で使用できるなどの利点を生かして，多くの有機反応媒体として利用が検討されている．たとえば碇屋らは，Ru触媒を用いる二酸化炭素の水酸化反応は，水−超臨界二酸化炭素の二相系でも進行することを見いだしている．これまでに超臨界流体は，液体に比べ拡散性が高い，溶媒和が少ないなどの利点があり，有機反応の媒体として有利であると期待されてきた．一方超臨界水は，高温高圧のために扱いづらい．超臨界二酸化炭素は極性が低いためにほとんど基質が溶解しないのでフッ素系の界面活性剤や共溶媒を加える必要があるなど，問題点も指摘されている．超臨界流体のもう1つの特徴として，圧力や温度を変えることにより媒体の物性（極性，密度，溶媒和など）を連続的に変化できる特徴がある．もし基質や触媒の溶媒和を自由に制御できるならば，有機反応の反応速度や生成物を制御できることになり興味深い．ここでは酵素反応を取り上げ，超臨界フルオロホルム中で圧力や温度を変化させることにより不斉選択的エステル化を可逆的に制御できる例について紹介したい．

1980年代から超臨界二酸化炭素を酵素反応媒体に用いる試みがなされ，酵素を懸濁させたり固定化酵素を用いたりして，超臨界二酸化炭素中で反応が行われてきたが，不均一反応でもあり，顕著な反応性の増加などは観察されていない．脂質修飾酵素は有機溶媒に可溶化することから，超臨界流体にも均一に溶け，すぐれた反応性を示すことが期待できる．超臨界流体としては，これまでに二酸化炭素が多く用いられてきたが，極性が低く基質の溶解性も悪い．筆者らはすでに，脂質修飾リパーゼが超臨界

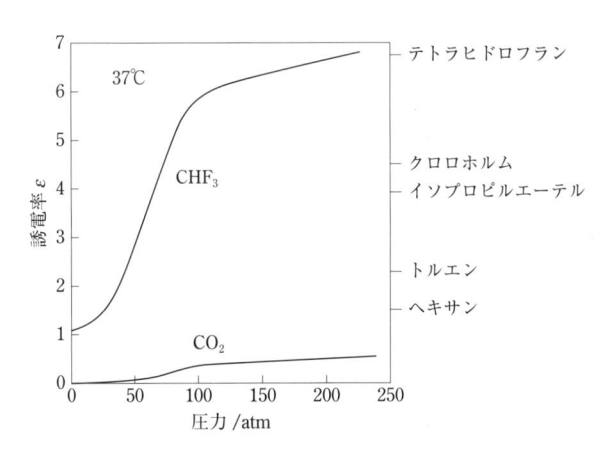

図12.4 二酸化炭素とフルオロホルムの誘電率の圧力依存性．

二酸化炭素中で有機溶媒中よりも高活性であることを報告している[8]．一方フルオロホルムは高価であるが，図12.4に示すように，圧力を変化することにより，媒体の極性がヘキサン相当からテトラヒドロフラン相当まで連続的に変化でき，基質の溶解性も高く，有機反応場としては魅力的である．次項では，脂質修飾リパーゼを用いる不斉選択エステル化反応について述べる[9]．

12.5.2 超臨界フルオロホルム中での不斉選択エステル化反応

図12.5に，40℃，60気圧の超臨界フルオロホルム（SCCHF$_3$）中での脂質修飾リパーゼBによる1-フェニルエタノールとラウリン酸とのエステル化反応の経時変化を示す．R体の1-フェニルエタノールを基質に用いる場合には，約2日で60％の反応率であった．一方，S体の基質ではほとんど反応することはなく，有機溶媒中での不斉エステル化反応におけるリパーゼBの立体選択性と一致しており，媒体として超臨界フルオロホルムを用いても，反応の立体化学に影響を及ぼすことのないことがわかった．

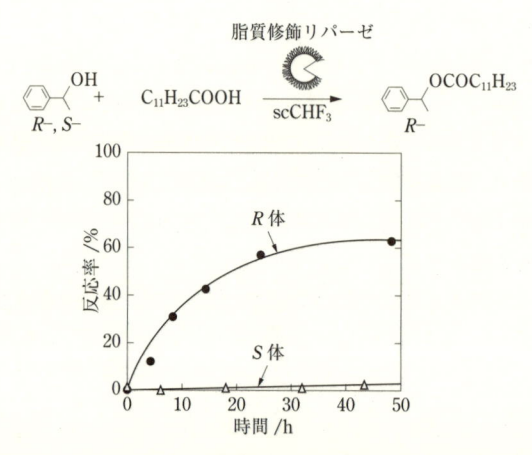

図12.5 超臨界フルオロホルム（40℃，60気圧）中での脂質修飾リパーゼB（タンパク質0.4 mg）によるR-およびS-1-フェニルエタノール（50 mM）と，ラウリン酸（100 mM）の典型的な反応例．

超臨界フルオロホルムの圧力を変化させたときのラウリン酸とR-1-フェニルエタノールとのエステル合成反応の初速度，および反応率に対する影響を，図12.6に示す．30℃のときは活性が低く，40℃のときは60気圧をピークトップとした上に凸の軌跡が得られ，50℃のときは80気圧において最大活性を示した．40気圧では臨界圧以下のためフルオロホルムは気体となっており，この条件下では，液体の1-フェニルエタノールおよびラウリン酸バルク中での反応と考えられる．40℃および50℃においてはそれぞれ60〜80気圧が至適圧力で，100気圧のときには大幅に活性が低下して

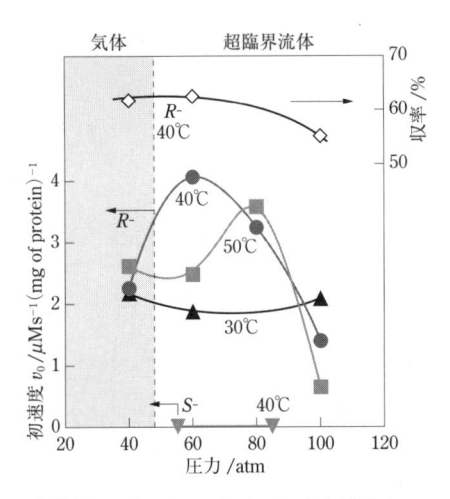

図 12.6　30, 40, 50℃での超臨界フルオロホルム中でのR-およびS-1-フェニルエタノールのエステル化の初速度 v_0 と, 収率に及ぼす圧力の効果. 1-フェニルエタノール：50 mM, ラウリン酸：100 mM, 脂質修飾リパーゼB：タンパク質 0.4 mg.

いる. この程度の圧力領域ではタンパク質の構造に対する影響はないといわれており, 40℃における反応率がどの圧力の場合も60%程度であったことからも, 酵素は失活していないことがわかる. すなわち, 圧力による酵素の失活が反応速度を低下させているのではなく, 圧力による媒体の変化が反応活性に影響していると考えられる. S体に対してはほとんど活性がなく, 有機溶媒のときと同様, 条件を変えてもあまり変化がないと考えられる.

　図12.7(a), (b)に, それぞれ超臨界フルオロホルム中と有機溶媒中におけるR-1-フェニルエタノール不斉エステル化の初速度を, 誘電率に対してプロットした. 有機溶媒中では, 脂質修飾リパーゼは非極性有機溶媒, なかでもイソオクタン中で際だって速い反応速度を示し, イソオクタンやイソプロピルエーテルを用いる場合では速度は急激に遅くなったが, 反応率は同程度であった. これに対して極性溶媒中では測定時間内で酵素は失活し, 全くエステル合成活性を示さなかった（図12.7(b)）. 一方, 超臨界フルオロホルム中で圧力や温度を変化させて反応を行ったところ, 誘電率εが2～3のところで最大活性を示し, 有機溶媒中では活性のなかったεが5～7の付近でも活性を維持し, 反応率も60%まで達したことから, 超臨界フルオロホルムは脂質修飾リパーゼを測定時間内でほとんど失活させないと考えられる. S体はいずれの圧力, 温度においてもほとんど反応性を示さず, R体の反応速度の変化がそのままエナンチオ選択性に影響すると考えられる. つまり, 超臨界フルオロホルム中で圧力と温度を変化させることによって, エナンチオ選択性を制御できるといえる.

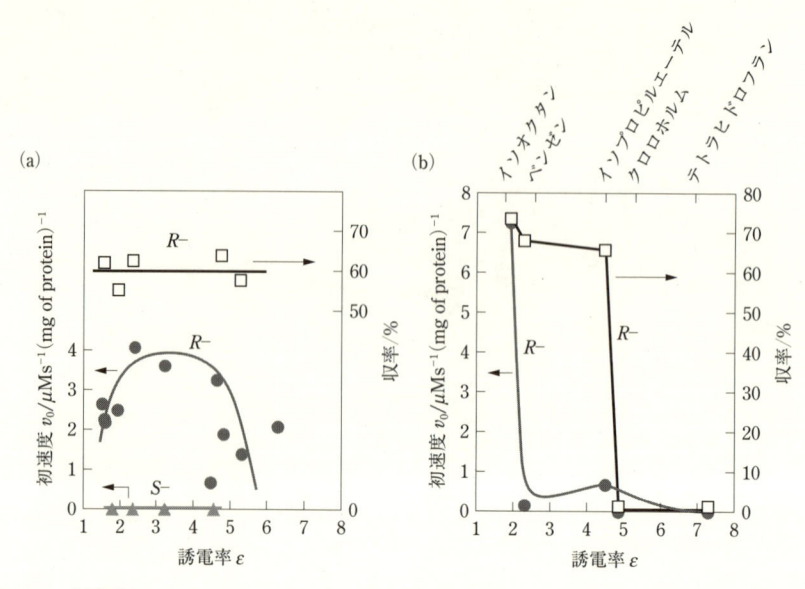

図12.7 (a)超臨界フルオロホルム中でのエステル化の初速度v_0と，収率に及ぼす誘電率の効果．(b) 同じ反応を有機溶媒を取り替えて行ったときの初速度と，収率に及ぼす有機溶媒の誘電率の効果．

図12.8に，超臨界流体中での誘電率の変化が酵素反応に及ぼす影響の模式図を示す．圧力が低く温度が高いときは媒体の極性が低く，そのときは基質も酵素も溶解性が悪く会合して可溶化されているので，反応性は低い．一方，圧力が高く温度が高いときには媒体の極性が上がり，このときは基質も酵素も十分に溶媒和され，基質が取り込まれにくくなり反応性が低下する．しかし適度な極性条件では(40℃，60気圧，$\varepsilon = 3 \sim 4$)，基質も酵素も超臨界流体中で1層程度の溶媒和しかされていないので，反応性は高い．すなわち，超臨界流体の温度と圧力を変えることにより媒体の極性が連続的に変化し，基質の溶媒和が変わるために反応性が変化すると考えられる．

エナンチオマー選択性については，以下のように考えられる（図12.7(a)）．S体のアルコールはもともと反応性が低いため，媒体の性質の変化により酵素の高次構造が変化を受けたとしても，酵素によく認識されないために影響があまりない．これに対して，酵素によく認識されすなわち活性部位にきちんと結合するR体の場合，高次構造の変化は決定的なものとなる．このため，誘電率の変化によって不斉選択性が大きく変化すると考えられる．以上，脂質修飾リパーゼをフルオロホルム中で用いることにより，高い不斉選択性で不斉アルコールの光学分割を行うことができた．また，R体の反応性を制御することによって，超臨界フルオロホルム中で不斉選択性を制御することができた．

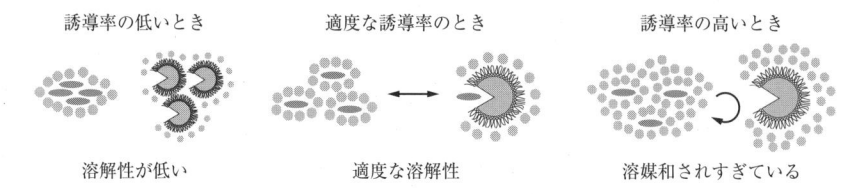

図 12.8　超臨界フルオロホルム中での酵素反応制御の模式図.

12.6　おわりに

近年，酵素や菌体に代表される生体触媒を用いて有用物質を生産する有機合成反応が盛んになり，不斉選択反応や位置選択反応に用いられている．酵素は触媒であるので，当然，反応媒体により大きく反応性が作用される．水の代わりに有機溶媒を用いると加水分解の逆反応を触媒するようになるのは，その一例である．12.5 節の結果は，酵素反応が溶媒和により可逆的に制御できることを示した最初の例であり，酵素反応にかぎらず広く有機反応全般に適用できる．すなわち，これまでの有機反応では溶媒の種類を変えることにより反応を制御していたが，超臨界流体中では温度と圧力を変えることにより基質や触媒の溶媒和を連続的に変化でき，反応速度を可逆的に容易に制御することができる[10]．超臨界流体は粘性が低く，拡散性が高く，圧力変化により極性を制御できるので，これからも有機溶媒に替わる環境に負荷の少ない反応媒体として有望であり，今後の展開が期待される．

引用文献

1) J.B. Jones, *Tetrahedron*, **42**, 3351-3403 (1986)
2) G.M. Whitesides, C.-H. Wong, *Angew. Chem. Int. Ed. Engl.*, **24**, 617-718 (1985)
3) Y. Okahata, T. Mori, *Trends Biotechnol.*, **15**, 50-54 (1997)
4) T. Mori, Y. Okahata, *Enzymes in Non-aqueous Media* (P. Halling ed.), pp.240-249, Humana Press (1999).
5) 稲田裕二, タンパク質ハイブリッド, p.92, 共立出版 (1987)
6) 森　俊明, 岡畑恵雄, グリーンバイオテクノロジー (海野　肇, 岡畑恵雄編), p.52, 講談社 (2002)
7) 碇屋隆雄, グリーンケミストリー (御園生　誠, 村橋俊一編), pp.1-25, 講談社 (2001)
8) T. Mori, Y. Okahata, *Chem. Commun.*, **1998**, 2215-2216；T. Mori, A. Kobayashi, Y. Okahata, *Chem. Lett.*, 921-922 (1998)
9) T. Mori, M. Funasaki, A. Kobayashi, Y. Okahata, *Chem. Commun.*, **2001**, 1832-1833
10) T. Mori, M. Li, A. Kobayashi, Y. Okahata, *J. Am. Chem. Soc.*, **124**, 1188-1189 (2002)

13 酵素を固定化して利用する

13.1 はじめに

　バイオリアクターは，生物や生物の機能を利用して物質変換を行う装置を指し，ケミカルリアクターにおける触媒を，酵素や微生物などの生体触媒に置き換えたものといえる．化学触媒と比較すると，生体触媒は常温・常圧で反応を進めることができ，省エネルギーのプロセスを構築することが可能である．しかし，生体触媒は化学触媒と異なり，一般に水溶性である．連続操作では生体触媒を循環しなければバイオリアクターから流出する．そこで必要になる操作が，生体触媒の固定化（immobilization）である．固定化の歴史は古く，1916年に骨炭の微粉末に吸着した酵素が触媒活性を示すことが報告されている．しかし，応用を目的として種々の反応に利用することが試みられるようになったのは，1950年以降である．その後，バイオテクノロジーの発展の流れの中で，種々の固定化技術と担体が開発されてきた[1]．ここでは固定化の手法を最初に紹介し，固定化酵素の反応速度論および固定化微生物による排水処理，さらにバクテリオファージ表層に機能性タンパク質を発現するファージ表層工学を紹介する．

13.2 酵素の固定化とは

　さまざまな固定化方法の概念を，図13.1に示す．固定化とは，不溶性の担体に生体触媒を高密度に保持する操作である．担体には高分子ゲル，セラミックス，不織布などが用いられる．また固定化の方法には，担体に結合する方法と包括する方法がある．結合法には，結合様式により共有結合法，イオン結合法，物理吸着法があり，結合強度はこの順番で弱くなる．共有結合法とイオン結合法は酵素の固定化に用いられ，

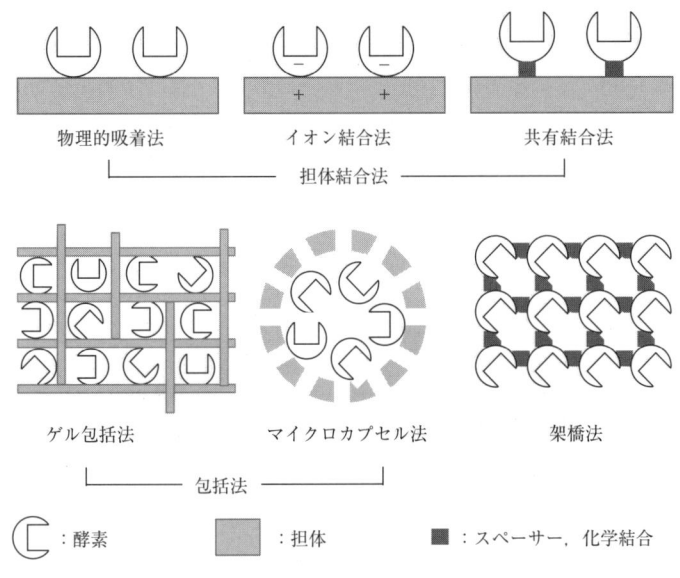

図 13.1 固定化方法の概念図.
[海野肇ほか，新版生物化学工学，p.99，講談社（2004）を改変]

担体結合法：物理的吸着法／イオン結合法／共有結合法
包括法：ゲル包括法／マイクロカプセル法／架橋法
凡例：酵素／担体／スペーサー，化学結合

微生物の固定化には物理吸着法が一般的である．物理吸着法は，担体と微生物間の静電的相互作用や疎水的相互作用による吸着法である．またある種の微生物は，菌体外に多糖からなる細胞外マトリックスを分泌し，他の微生物の付着を促進する．包括法は，低分子モノマーと微生物を混合し，のちに重合反応によりゲルを形成させ微生物を閉じ込める方法である．固定化により生体触媒の不溶化，微生物の高密度化による変換速度の増大が期待できる．架橋法では，酵素分子と通常は2つ以上の官能基をもつ多官能性試薬を反応させることにより，酵素分子間で架橋反応を形成させ，酵素を不溶性の凝集物とする．架橋剤として用いられる試薬としては，両端にアルデヒド基をもつグルタルアルデヒドがよく使用される．しかし，このようにして調製される酵素凝集物をそのまま固定化酵素として使用することはほとんどない．

13.3 固定化活性汚泥を用いる排水処理

活性汚泥法は，現在下水および有機性工業排水の処理に対して最も一般的に利用されている好気的処理法である．活性汚泥は，バクテリア（細菌）類，真菌類，原生動物，後生動物など多種多様な微生物のフロック状の塊で，これらの微生物は食物連鎖で相互に関係し合いながら，汚水を浄化している（図 13.2）[2]．活性汚泥中に存在するおも

なバクテリアは *Bacillus*, *Zoogloea* 属などで，酵母および菌類などの存在も知られている．これらの従属栄養微生物が有機汚濁物質を分解・資化し，この分解者を一次捕食者である *Vorticella* 属などの繊毛虫類や根足類，鞭毛虫類などの原生動物が捕食し，さらに二次捕食者の後生微小動物であるワムシや円虫類に受け継がれて，浄化が達成される．これら捕食者は，処理水の透明度の向上や余剰汚泥の減少化に，重要な役割を演じている．

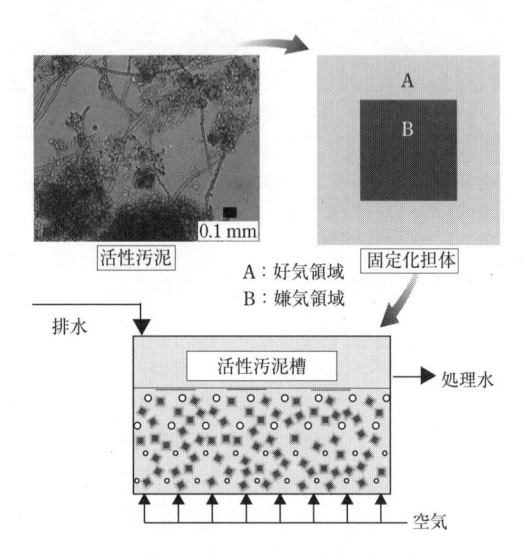

図 13.2 固定化活性汚泥を用いる排水処理．
[海野肇ほか，環境生物工学, p.31, 講談社(2002)を改変]

排水処理に用いる活性汚泥をポリウレタンスポンジに包括固定化すると，担体表面は好気的環境が，担体内部は嫌気的環境が形成される（図 13.2）．したがって，担体表面では好気性微生物による BOD（biochemical oxygen demand, 生物化学的酸素要求量）の好気的変換とアンモニアの硝酸化反応が，担体内部は嫌気環境となり，硝酸態窒素の脱窒反応が進行する．BOD は，水中に存在する有機物が微生物によって好気的に分解する際に消費される酸素の量を表す．家庭下水の BOD は $100 \sim 200$ mg L^{-1} あり，処理せずに下水が河川に放流されるとたちまち溶存酸素が減少し，バクテリア以外の水生生物が生育できなくなる．

アンモニアに代表される生物由来の窒素は，好気条件下でバクテリアによる酸化反応を受け，亜硝酸（NO_2^-）→硝酸（NO_3^-）へと変換する．それぞれの反応を受けもつバクテリアは亜硝酸菌と硝酸菌である．両バクテリアは窒素化合物の酸化反応で生育に

必要なエネルギーを得, CO_2 を炭素源として増殖する. 増殖に必要な炭素を CO_2 に求めるバクテリアを, 独立栄養細菌とよぶ. 独立栄養細菌は, 有機物を炭素源とする従属栄養細菌に比較し増殖速度が遅い. 一方, 硝酸態の窒素は嫌気環境で脱窒菌とよばれるバクテリアによって還元反応を受け, $NO_3 \rightarrow NO_2 \rightarrow N_2O$ (一酸化二窒素) $\rightarrow N_2$ (窒素ガス) へと変化する. N_2O と N_2 はともに気体である. N_2 は空気の主成分であるから, アンモニアを硝酸化→脱窒反応により N_2 へ変換できれば, 水環境から窒素を除くことができる. したがって, 下水に含まれる窒素を除くためには, 好気条件の硝酸化反応と嫌気条件の脱窒反応を組み合わせる必要がある. 活性汚泥を包括固定化することにより, 1つのバイオリアクター内に局所的に好気な領域と嫌気な領域を作り出すことができ, 硝酸化反応と脱窒反応を同時に進行することができる.

微生物を固定化する際, 担体内部の微生物と基質濃度の偏りを配慮する必要がある. 一般に担体表面は基質濃度が高く, 内部は低い. 微生物の生育速度は微生物濃度の1次式として, 次のように表すことができる.

$$\frac{dx}{dt} = \mu x \tag{13.1}$$

ここで, μ は比増殖速度とよばれ, 基質濃度の関数として次式で表される.

$$\mu = \frac{\mu_{max} s}{K + s} \tag{13.2}$$

この式で, μ_{max} は最大比増殖速度, K は飽和定数, s は基質濃度を指す. これをモノー (Monod) の式とよぶ. 基質は微生物の生育に必須な物質であり, 好気性従属栄養細菌にとっては有機物や酸素を指し, 独立栄養細菌にとっては CO_2 が制限基質となる. モノーの式は比増殖速度の基質濃度依存性を表し, 図13.3(a)のような関係を示す. 微生物を固定化すると担体表面の菌体が優位に基質を消費するため, 担体内部は基質

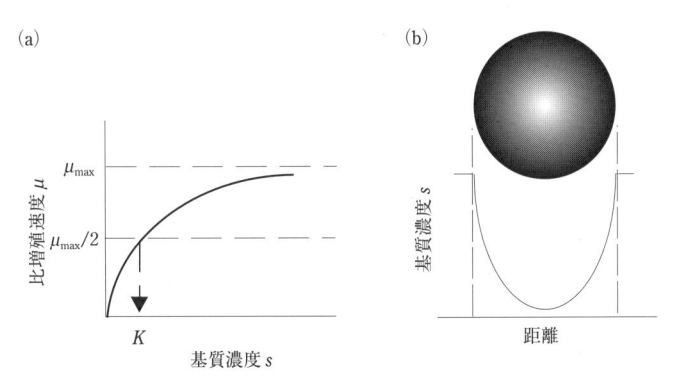

図13.3 固定化微生物の増殖速度. (a)Monod の式, (b)担体内基質濃度分布.

濃度が低下し，それに従い菌体の比増殖速度も減少する（図13.3(b)）．あまり大きな担体を用いると，内部に死空間が生じる．担体内部へも基質を供給するには，担体の多孔質化，中空化などの工夫が有効である．

13.4 固定化微生物を用いるゼノバイオティクスの分解

図13.4に，p-ニトロフェノール（PNP）を用いてウレタン担体に固定化した活性汚泥と，固定化を行わない浮遊活性汚泥を用いたときの馴養過程を示す[3]．PNPは，農薬，医薬，染料などの中間体として年間約100トンが国内で生産・消費され，難分解性であり，生物毒性をもつ．そのため通常の活性汚泥法では除去されにくい．操作は，リアクター内PNP濃度が検出限界以下に達したら，上澄み液を引き抜きPNPを

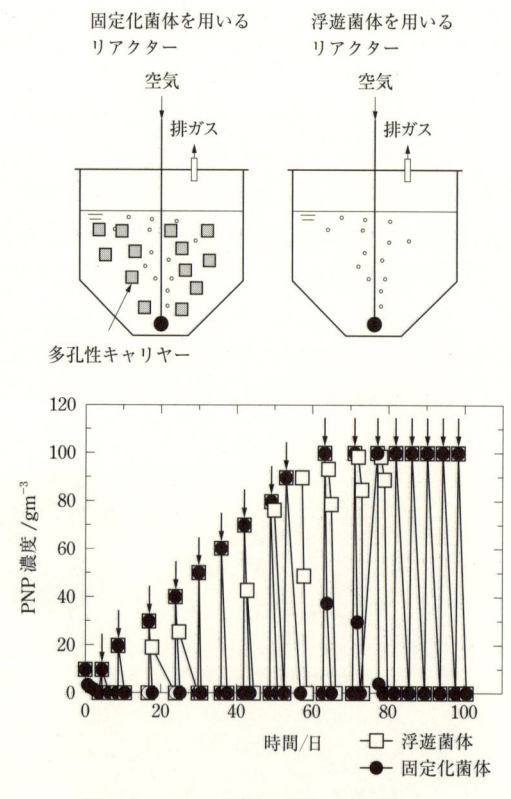

図13.4 PNPの微生物分解における馴化．
[X.H. Xing et al., *J. Biosci. Bioeng.*, **1999**, 71]

含む新たな培地を加える，半回分 (fill and draw) 方式で行った．PNP の濃度は添加ごとに $10\,\mathrm{g\,m^{-3}}$ ずつ増加した．PNP は酸化の初期段階で窒素酸化物を放出する．この酸化窒素は，脱窒菌によって窒素ガスに変換される．培養初期の分解活性は低いが，馴養期間の経過に伴って PNP の分解活性が増大する．また固定化菌体の馴養が，浮遊菌体のそれと比べて非常に早いことが認められる．

　本来自然界では生産されることがなく，人為的に合成された化合物のことをゼノバイオティクス (zenobiotics) とよぶ．PCP (ペンタクロロフェノール) や PCB (ポリ塩化ビフェニル)，塩素化エチレン，ダイオキシンなどが含まれる．ゼノバイオティクスは安定で，一般に脂質溶解性が高い．生物濃縮により食物連鎖を通し，人間を含む高等生物に蓄積される．ゼノバイオティクスの中には，発がん性や内分泌撹乱作用を示すものがある．本来自然界には存在しない物質なので，ゼノバイオティクスを唯一の炭素源に生育できる微生物は少ない．しかし，共代謝とよばれる原理に基づきゼノバイオティクスが微生物によって分解される．本来の生育基質を分解するための酵素がゼノバイオティクスも分解するのが，共代謝である．分解基質−生育基質−関与する微生物の組合せ例を，表 13.1 に示す．

表 13.1　共代謝によるゼノバイオティクスの微生物分解

分解基質	生育基質	微生物
PCB	ビフェニル	*Pseudomonas* sp.
塩素化エチレン	メタン	メタン資化菌
ダイオキシン	リグニン	白色腐朽菌

　共代謝によってゼノバイオティクスを分解するには，生育基質を共存させるか生育基質により分解菌を増殖させ，次に処理対象基質を加えることになる．環境分野のバイオリアクターは，処理対象物質も使用する生体触媒も，複合系であることが多い．まず全体の反応過程の中でどの段階が律速かをみきわめることが重要である．もし生物反応が律速であるなら，より活性の高い微生物をスクリーニングしたり育種したりする必要がある．一方，処理対象物質の微生物までの移動過程が律速であるなら，移動抵抗を減らすための方策が必要となる．たとえば，大気に含まれる揮発性微量有機化合物 (VOC, volatile organic compound) を処理する場合は，対象物質の液相への溶け込み過程が律速となり，気液接触効率を増すことが装置設計上重要である．バイオリアクターの設計と操作には，化学工学と生物工学の知識がともに必要となる．

13.5 バクテリオファージを利用するタンパク質の固定化

　機能をもったタンパク質を，生きた微生物に固定化することができる．利用できる微生物には，大腸菌や酵母があげられる．このように，微生物表層を固定化担体として用いる技術体系を細胞表層工学とよぶ．微生物の表層に外来のタンパク質を発現させることにより，機能的なタンパク質に包まれた細胞を創製できる．細菌や酵母細胞において，*in vivo* で緑色蛍光タンパク質(GFP)，グルコアミラーゼ，抗原ペプチド，重金属吸着ペプチドの表層発現が報告されている[4]．ここではバクテリオファージをタンパク質発現の土台(プラットホーム)に利用する技術を紹介する．ファージはバクテリアに感染するウイルスであり，感染する相手(宿主)を厳密に見分ける能力をもつ．研究対象としてよく用いられる T4 ファージの構造を図 13.5 に示す．大きさは宿主である大腸菌の 1/10 に相当し，約 200 nm である．月面着陸船のような本体は，ヘッド，テールおよびロングテールファイバーから構成される．ヘッドは正三角形のタンパク質シート 20 枚からなり，二本鎖の DNA を格納する．ゲノムのサイズは約 160 kbp である．宿主に感染しているとき以外，テールファイバーはヘッド下部から延びるウィスカーとくっつき，傘が強風で裏返されたような折りたたみ構造をとる．機械的な障害を回避するためと考えられる．ファージが宿主に感染する際，ロングテールファイバーは分子センサーのような役割を果たし，宿主表層に提示された受容体分子と特異的に結合する．ちょうど抗原と抗体の関係に類似する．テールファイバーと受容体分子の結合特異性が，ファージの宿主域を決定する．受容体分子として，細菌の外膜タンパク質(Omp，outer membrane protein)やリポ多糖(LPS，lipopolysaccharide)が知られている．

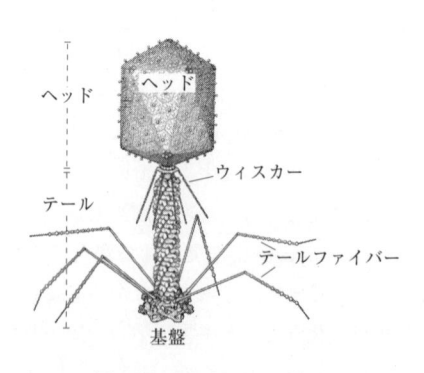

図 13.5　T4 ファージの構造．
[J.D. Karam, *Bacteriophage T4*, ASM Press (1994)]

13.5 バクテリオファージを利用するタンパク質の固定化

ブタ糞便から見つけ出された大腸菌 O157：H7 特異的ファージ PP01 は，O157 の OmpC を受容体に用いる[5]．ファージが大腸菌表層へ留まるためには，6 本のテールファイバーのうち 3 本が受容体をとらえる必要がある．しかし，受容体とテールファイバーだけの結合は可逆的である．不可逆的な結合には，テール下部に存在する基盤（base plate）と，LPS 間の新たな結合が必要となる．六角形の基盤は宿主表層で星型に変化し，スパイクとよばれる 6 本のタンパク質が細菌表層を強固にとらえる．テールは，チューブとよばれる筒状のタンパク質とそれを取り囲むジャバラ状のシースから構成される．シースが収縮するとチューブは細菌外膜を貫通する．このとき，基盤に格納されていたリゾチーム活性をもつタンパク質が注入され，大腸菌のペプチドグリカンを部分溶解する．チューブは内膜も貫通し，ヘッドのゲノム DNA を細胞質へ注入する．

ファージの感染特異性を利用すると，細菌を簡便に特定することができる．たとえば，GFP をファージの頭殻に提示することにより，大腸菌 O157：H7 特異的ファージ PP01 を蛍光標識でき，O157 を数十分で検出することが可能となる（図 13.6）[6~8]．ファージ頭殻には Soc（small capsid protein）とよばれる構造タンパク質が存在し，ファージあたり 810 分子発現される．相同組換の原理を利用し，Soc をコードする遺伝子に GFP をコードする遺伝子を連結することにより，組換ファージは頭殻に Soc-GFP の融合タンパク質を 810 分子発現する．このようにして分子構築された蛍光標識ファージは，宿主表層に吸着した段階で可視化することができる．感染したファージが被感染細胞で増殖すると，さらにその蛍光強度は増し，検出を容易とする．

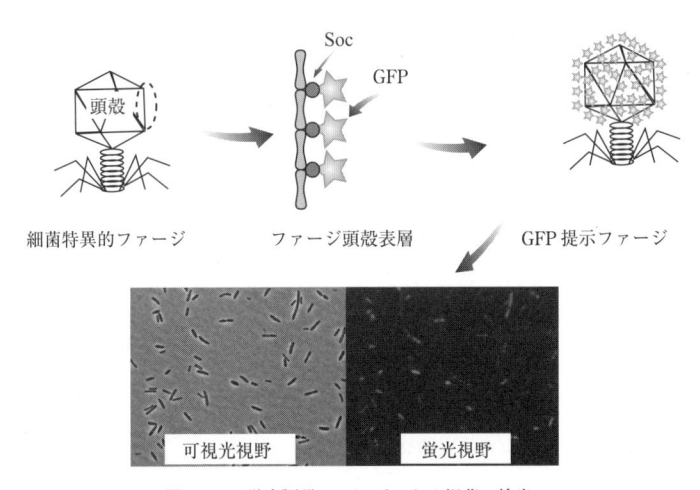

図 13.6 蛍光標識ファージによる細菌の検出．

この技術は他の菌体を検出することにも応用できる．たとえば，衛生指標細菌である大腸菌の迅速検出に用いることができる．大腸菌は腸内細菌の一種であり，通常は病原性を有さない．しかし，対象とする水環境に大腸菌が存在すれば，その水環境がヒトを含む温血動物の糞便で汚染されていることを間接的に示す．糞便には病原微生物が含まれる可能性が高いことから，大腸菌は水環境の重要な衛生的指標となる．たとえば，海水浴に適している「水質A」の基準は，100 mLの海水に大腸菌が100以下であることと定められている．しかし，公定法による大腸菌の検出は培養操作が必要なことから，結果を得るまでに数日を要する．そこで，大腸菌に感染するT4ファージ頭殻をGFPで標識したGFP/T4ファージを分子構築した[9, 10]．このファージを用いることにより，大腸菌を数時間で検出できるようになった．また下水からスクリーニングした大腸菌ファージIP008を同様の方法で標識したファージを用いると，T4よりも広範囲に大腸菌を検出できるようになった[11]．

13.6 おわりに

固定化酵素を触媒とするバイオリアクターは，アミノ酸の光学分割のプロセスにおいて，1969年世界で初めて日本において工業化された．1980年代初頭頃までは，アミノ酸や糖類など比較的付加価値の低い物質の生産に用いられてきた．しかし，それ以降の遺伝子組換え技術の進歩に伴い，固定化生体触媒を反応素子とするバイオリアクターは，クリーンで省エネルギーな生産プロセスとして，さまざまな物質の生産に応用されるものと期待される．

一方，ファージ表層にタンパク質を発現し利用するシステムを「ファージ表層工学」と命名するなら，さまざまな応用分野が考えられる（図13.7）．酵素を提示した機能性

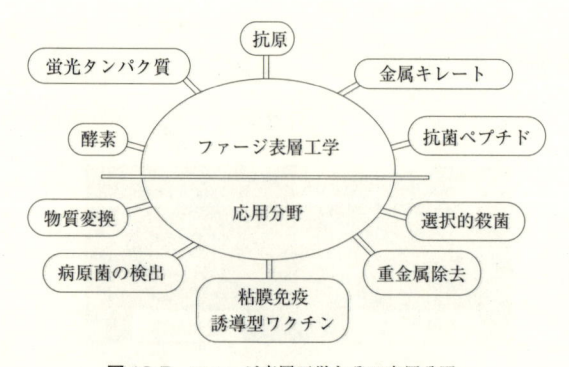

図13.7 ファージ表層工学とその応用分野．

ファージ[12]，抗原を提示したファージワクチン，キレートペプチドを提示した重金属の回収・除去-ファージ，抗菌ペプチドを提示したキラーファージなどである．ファージは微粒子ととらえることができる．容易に増殖が可能であり，動物細胞に悪さをしない．アイディア次第でまだまだ利用分野は広がるものと期待される．

引用文献

1) 海野肇，中西一弘，白神直弘，丹治保典，新版 生物化学工学，講談社(2004)
2) 海野肇，松村正利，藤江幸一，片山新太，丹治保典，環境生物工学，講談社(2002)
3) X.H. Xing, T. Inoue, Y. Tanji, H. Unno, *J. Biosci. Bioeng.*, **1999**, 71-78
4) H. Cindy, M. Ashok, C. Wilfred. *Tren. Microbiol.*, **16**, 181-188(2008)
5) M. Morita, Y. Tanji, K. Mizoguchi, T. Akitsu, N. Kijima, H. Unno, *FEMS Microbiol. Lett.*, **211**, 77-83(2002)
6) M. Oda, M. Morita, H. Unno, Y. Tanji, *Apple. Env. Microbiol.*, **70**, 527-534(2004)
7) A. Raheela, H. Fukudomi, K. Miyanaga, H. Unno, Y. Tanji, *Biotechnol. Prog.*, **22**, 853-859(2006)
8) 特願2003-24800(2003)：丹治保典，海野肇，織田全人，森田昌知，バクテリオファージによる大腸菌O157の検出
9) Y. Tanji, C. Furukawa, N Suk-Hyun, T. Hijikata, K. Miyanaga, H. Unno, *J. Biotechnol.*, **114**, 11-20(2004)
10) 特願2003-62440(2003)：丹治保典，海野肇，古川千晶，恩田建介，宮晶子，剱持由起夫，大腸菌の検出方法及び大腸菌検出用ファージ
11) M. Namura, T. Hijikata, K. Miyanaga, Y. Tanji, *Biotechnol. Prog.*, **24**, 481-486(2008)
12) Y. Tanji, K. Murofushi, K. Miyanaga, *Biotechnol. Prog.*, **21**, 1768-1771(2005)

14 個体レベルで遺伝子を操作する

14.1 はじめに

　遺伝子工学技術のめざましい進展によって，我々はさまざまなタンパク質の設計図，つまり遺伝情報を手にすることになった．個体レベルでの遺伝子操作は，個々のタンパク質の生体内での機能を明らかにするための重要な研究手段となっている．たとえば，解析したいタンパク質をコードする遺伝子を欠損させて，個体レベルでどのような異常が生じるのかを調べ，遺伝子・タンパク質の機能を明らかにする標的遺伝子ノックアウト法があげられる．現在，個体レベルでの遺伝子操作は，単に「遺伝子産物の機能解析」のみならず，「遺伝子発現制御領域の解析」，「タンパク質・細胞の可視化」，「生理活性の測定」，「特定の細胞の操作」など，その利用は多岐にわたっている．遺伝子操作動物を利用することにより，医学・生物学的に重要な遺伝子とその機能が次々に明らかにされており，個体レベルでの遺伝子操作技術は，現代の医学・生命科学研究の大きな柱の1つとなっている．

14.2　遺伝子操作動物を用いる研究の歴史

　ほ乳動物の個体レベルでの遺伝子操作は，1980年にトランスジェニックマウスの作製技術が確立されてから本格的に始まった[1]．トランスジェニックマウスは，外来遺伝子（トランスジーン）を受精卵に導入し，染色体に組み込んだ形質転換マウスの総称である．トランスジェニックマウスでは，トランスジーンを導入する染色体上の位置を選択することはできず，トランスジーンは染色体のさまざまな位置にランダムに挿入される．マウスにかぎらず，トランスジーンを組み込んだトランスジェニック生物の作製技術は，個体レベルで遺伝子の機能を解析するという画期的手法となった[2,3]．

その後，染色体上の特定の部位を標的とした遺伝子操作を行う技術(ジーンターゲティング法)が開発された[4](ジーンターゲティングも広義の意味ではトランスジェニックとなるが，一般的に両者を区別する)．この技術開発にかかわった M.R. Capecchi 教授，M.J. Evans 教授，O. Smithies 教授の3氏が，2007年のノーベル医学生理学賞の栄冠に輝いた．受賞理由は，「胚性幹細胞(ES細胞)を利用した，マウスにおける標的遺伝子改変技術の基本原理の発見」である．

彼らの開発したジーンターゲティング法によって，特定の遺伝子を欠損させたマウス(ノックアウトマウス)を作製することが可能となり，数多くのノックアウトマウスが作出され，「生体内での遺伝子の機能」や「遺伝子と病態との関連」が次々に明らかになっている．ジーンターゲティング法は染色体上の特定の部位の遺伝子配列を自由自在に改変できる技術であり，ノックアウトだけでなく，点変異の導入，特定の遺伝子座への外来遺伝子の導入(ノックイン)，染色体を数メガbp単位操作するクロモゾームエンジニアリングなど，その応用は多岐にわたる．

14.3　トランスジェニックマウス

14.3.1　トランスジェニックマウスの作製原理

トランスジーンの基本構造は，プロモーター，cDNA，poly A 付加配列からなる．トランスジーンの発現効率を上げる目的で，人工的なイントロンを含めることが多い．プロモーターとしては，全身での発現を目的とするようなユビキタスプロモーターから，細胞/組織特異的また発生時期特異的プロモーターまで，目的に応じて使い分ける．トランスジーンは制限酵素処理によって直鎖状にし，精製したものを受精卵前核に注入する．注入されたトランスジーンはある確率で染色体に組み込まれる．これを偽妊娠メスマウスの卵管内に移植する．生まれてきたマウスにトランスジーンが導入されているかどうかを，サザンブロットやPCR(ポリメラーゼ連鎖反応)法によって確認し，トランスジーンをもつマウスはファウンダーとして，野生型マウスと掛け合わせて，得られた仔を解析する(図14.1)[1~3]．

14.3.2　トランスジェニックマウス実験の注意点

トランスジーンは，染色体のさまざまな部位にランダムに挿入される．そのため，挿入部位の近傍に存在する他の遺伝子の転写調節配列や染色体構造の影響を受けることがある．たとえば，トランスジーンが自身のプロモーターだけでなく近傍の他の遺伝子の転写調節配列の影響を受けることによって，異所的に発現することがある．逆

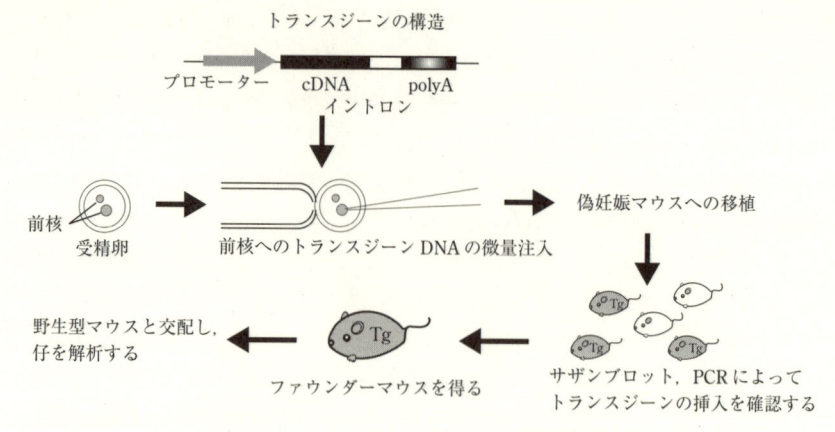

図 14.1 トランスジェニックマウス作製の概略図.

に遺伝子の転写がきわめて低い染色体領域に入った場合には，トランスジーンは発現しないこともある．トランスジーンの挿入部位による影響を検証するためにも，1つのコンストラクト（construct）について複数のトランスジェニックマウスの系統を樹立し，解析するのが一般的である．

14.3.3 個体レベルで遺伝子/タンパク質の機能を解析する

遺伝子・タンパク質の機能を個体レベルで解析する方法として，トランスジェニック法はジーンターゲティング法（14.4.1項）に比べてより安価に，簡便に利用できる手法である．おもに2つの異なる遺伝学的解析手法がとられる．1つは機能獲得型（gain-of-function）の変異を導入する方法である．機能獲得型の変異は，遺伝子の過剰発現や異所的発現によって行われる．酵素の恒常活性型変異の導入もこの範ちゅうに入る．つまり，対象とする遺伝子産物の機能を増強させることにより，生じる表現型を解析する．2つめは，機能欠失型（loss-of-function）の変異を導入し，タンパク質の機能を減弱（欠失）させる方法である．一般的に機能欠失型変異では，ドミナントネガティブ型の変異を導入する例が多い．ドミナントネガティブ型の変異の導入は，タンパク質が複合体を形成することによって初めて機能するような場合に有効である．ドミナントネガティブ変異体を過剰に発現させることにより，不活性型の複合体を優先的に形成させ，内在性のタンパク質（複合体）の機能を阻害することが可能となる．また，アンチセンスRNAが転写されるようにトランスジーンを設計し，タンパク質への翻訳を阻害することによって機能を減弱させた解析例もある．

14.3.4 遺伝子発現制御領域を同定・解析する

トランスジェニック技術は，遺伝子の発現制御機構の解明にも利用される．遺伝子の発現は，生体内において厳密に制御されており，遺伝子は必要な時期に，必要な細胞・組織において読みとられ，タンパク質に翻訳される．個々の遺伝子の発現は，その遺伝子固有の発現制御領域（シスエレメント，*cis*-element）によって規定されている．多くの場合，シスエレメントは，発現する遺伝子の5'側の隣接領域に存在しているが，3'側隣接領域，イントロンの中，そして転写開始点より遠く離れた領域に存在することもある．転写に必要なシスエレメントを同定する目的で行われるプロモーターアッセイは，対象遺伝子を発現している培養細胞を用いて行われることが多いが，トランスジェニックマウスを利用するプロモーターアッセイでは，マウスの遺伝学的背景を考慮した解析が可能となり，より厳密で多くの情報が得られるという利点がある．

プロモーターアッセイは，遺伝子の発現制御領域の候補領域を含むDNA断片をレポーター遺伝子の上流に組み込んだトランスジーンを用いて行われる．候補領域は，転写開始点の上流から数百bp，長いものでは数百kbpまでの長さのDNA断片が用いられる．レポーターとしては，βガラクトシダーゼや緑色蛍光タンパク質（GFP）などがよく用いられる（図14.2）．

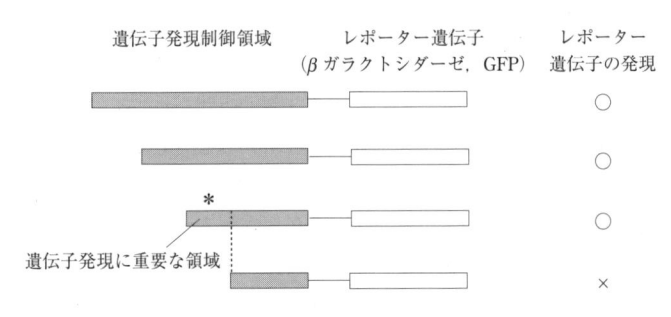

図14.2 遺伝子発現制御領域の同定（プロモーターアッセイ）．

14.4 特定の遺伝子を標的にする遺伝子操作

14.4.1 ジーンターゲティング法の基本原理

トランスジェニック技術は，現在でもきわめて有効な遺伝子操作技術の1つである

が，染色体の特定の部位を標的とする操作が不可能であるという欠点がある．その問題点を解決した方法がジーンターゲティング法である．ジーンターゲティング法が可能となった背景には，大きく2つの基盤技術の確立がある．1つは，発生工学的手法を用いる胚性幹細胞(embryonic stem cell, ES cell)からのマウス個体作製技術である．ES細胞は，個体を構成するどの細胞にも分化が可能な能力，分化多能性(pluripotency)を有する細胞である．Evansらは1981年に，129系統マウスの胚盤胞期の内部細胞塊(inner cell mass, ICM)より，マウスES細胞の樹立に成功した[5]．このES細胞をマウス胚に移植すると，ES細胞とマウス胚由来の細胞が混ざったマウス個体(キメラマウス)が作製できる．さらに，ES細胞がキメラマウス体内で生殖細胞にも分化することが明らかになり，掛け合わせによって，ES細胞由来の染色体をもつ個体を得られることが示された．

　2つめの基盤技術となったのは，遺伝子の相同組換え(homologous recombination)を利用して，染色体の任意の配列を人為的な配列と置き換える技術の確立である．相同組換えは，DNAの塩基配列の相同部位で起こる．ジーンターゲティング法では，染色体上の変異を導入したい部位の5'側および3'側の両隣接領域を利用する相同組換えによって，遺伝子を改変する．たとえば遺伝子破壊(ノックアウト)では，標的遺伝子の両側に隣接する遺伝子配列を相同配列としてもち，標的遺伝子配列を除いたターゲティングベクターを作製する．ターゲティングベクターと染色体との間で相同組換えが起きることにより，染色体の遺伝子配列はターゲティングベクターのものと置き換わり，染色体上の標的遺伝子が欠損することになる(図14.3)．相同組換えによる遺伝子改変技術の基本原理は，酵母における先行研究によって示されていたが[6]，Capecchiらはこの原理を応用し，動物培養細胞系において特定の遺伝子座に変異を導入する技術の確立を行った[7〜9]．

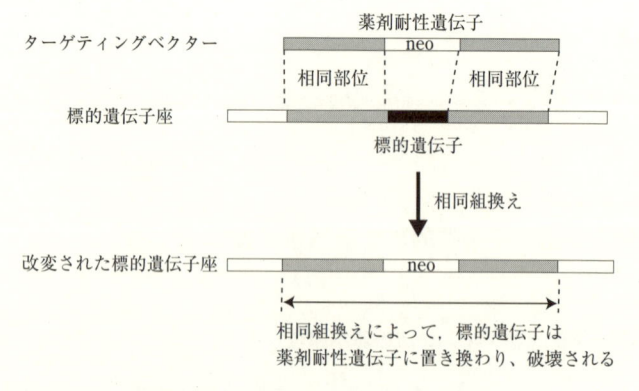

図14.3　相同組換えによる遺伝子改変．

14.4 特定の遺伝子を標的にする遺伝子操作

これら2つの技術の融合から，ジーンターゲティング法は成り立っている．つまり，ES細胞を培養している間に相同組換えによる標的遺伝子の操作を行い，目的とした染色体変異をもつES細胞株(組換えES細胞株)を単離する．それをマウス胚に移植してキメラマウスを作製し，掛け合わせによって組換えES細胞由来の染色体をもつマウス(遺伝子改変マウス)を得ることができる(図14.4)[4, 10]．

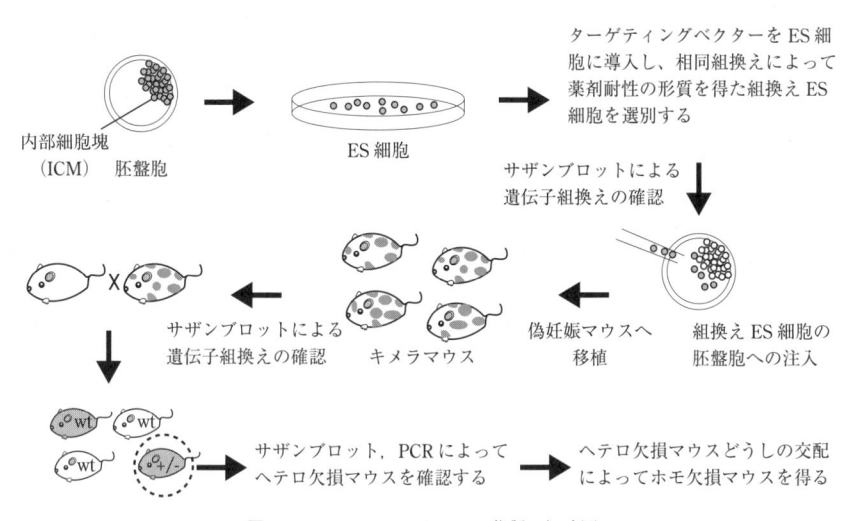

図14.4 ノックアウトマウス作製の概略図．

14.4.2 コンベンショナルノックアウトマウス

標的遺伝子の改変を可能にしたジーンターゲティング法は，遺伝子操作動物の作製に技術革新をもたらした．この技術を用いてノックアウトマウスが作製され，数多くの遺伝子・タンパク質の機能が個体レベルで明らかになったが，同時に問題点も提起されるようになった．それはノックアウトマウス(以降コンベンショナルノックアウトマウス)では，発生の初期段階から個体の一生を通じて全身で特定の遺伝子が欠損してしまうことである．個々の遺伝子は，特定の時期や細胞・組織に限定して用いられるのではなく，個体の発生においては重複して利用されることが多い．そのためコンベンショナルノックアウトマウスでは，発生の初期段階に重篤な症状を呈して致死に至る場合などには，その時点以降の遺伝子機能の解析は不可能になってしまう．また，特定の遺伝子が個体の一生を通じて全身で欠損したことによる二次的異常の可能性は，常につきまとう．

14.4.3 コンディショナルノックアウトマウス

　上記の問題を克服する方法として，時期特異的，細胞・組織特異的に遺伝子をノックアウトする方法（コンディショナルノックアウト）が開発されている．代表的な手法に，Cre/*loxP*系とテトラサイクリン誘導発現・抑制系を用いる方法がある[10]．

A. 部位特異的ノックアウト（Cre/*loxP*系）

　Cre/*loxP*系は，バクテリオファージがもつDNA組換え酵素Cre（Cre recombinase）と，Creが認識する34 bpのDNA配列*loxP*を用いる遺伝子組換え系のことである．ゲノム上の2ヵ所に*loxP*配列を同方向に挿入し，Creを作用させると，2つの*loxP*配列の間で組換えが起こり，*loxP*配列で挟まれたDNAが切り出されて欠損する．この原理を利用するコンディショナルノックアウトでは，ノックアウトしたい遺伝子（または遺伝子の一部）の両端に，ジーンターゲティング法によって*loxP*配列を挿入した遺伝子改変マウスを作製する．Cre非存在下では，野生型と同様に遺伝子は機能する．一方で，ノックアウトしたい組織特異的なプロモーターを用いて，Creを組織特異的に発現するトランスジェニックマウスを作製し，両者を掛け合わせることにより，Creの発現している部位特異的に遺伝子を欠損させることができる（図14.5）．

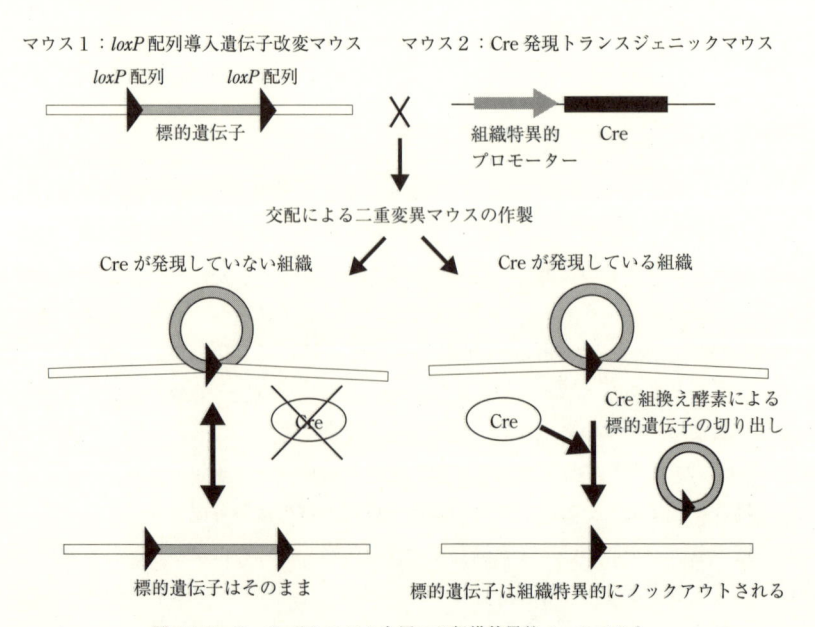

図14.5 Cre/*loxP*システムを用いる組織特異的ノックアウト．

14.4 特定の遺伝子を標的にする遺伝子操作

　Cre/*loxP*系は，染色体を数百kbpからMbp単位で欠損させるクロモゾームエンジニアリングにも利用されている．欠損させたい染色体部位の両端に*loxP*配列を別々にノックインし，その後Creを作用することによって染色体を改変するのである．実際に，染色体上にクラスターを形成して存在するフェロモン受容体多重遺伝子のサブファミリーを，そのクラスターごとを欠損させる例などが報告されている．

B. 時期特異的ノックアウト（テトラサイクリン誘導系）

　テトラサイクリン誘導系は，テトラサイクリン調節トランス活性化因子（tetracycline transactivatior, tTA）と，tTA依存的エンハンサーであるテトラサイクリン応答因子（tetracycline responsive element, TRE）からなる．tTAは通常TREに結合し，TRE制御下の遺伝子を発現する．そこにドキシサイクリン（テトラサイクリン類似体）を投与すると，ドキシサイクリンはtTAに結合し，tTAのTREへの結合を阻害することにより，遺伝子発現を抑制する．つまり，ドキシサイクリンという薬剤の投与・非投与によって，遺伝子発現のスイッチを制御できるのである．tTA-TRE系では，ドキシサイクリン非存在下では遺伝子発現はON，逆に存在下ではOFFとなる．

　この系を用いる例として，遺伝子A_{end}(endogenous：内在性)のコンディショナルノックアウトする場合を，図14.6に示す．まずA_{end}の遺伝子座に*tTA*をノックイン

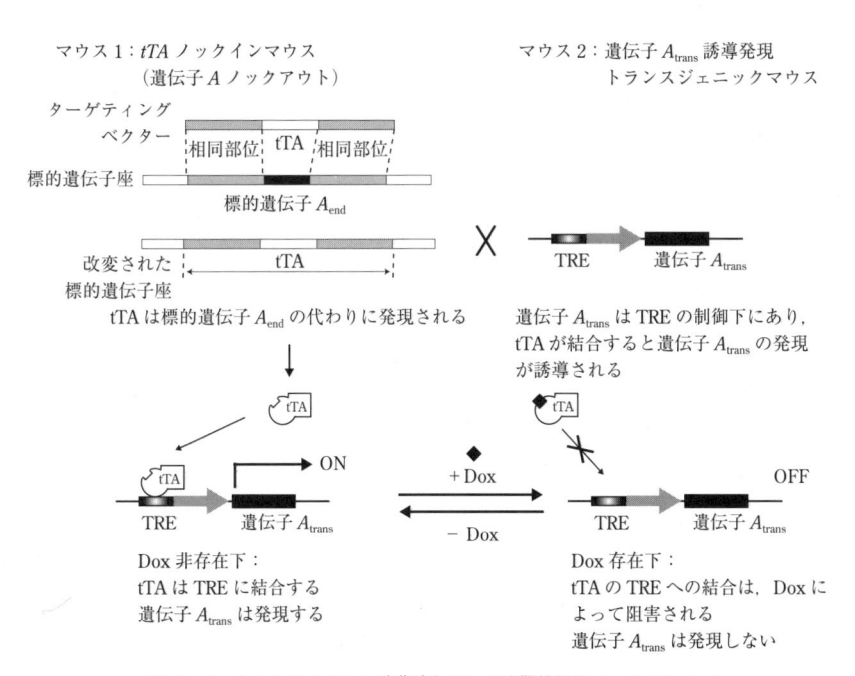

図14.6 テトラサイクリン誘導系を用いる時期特異的ノックアウト．

することにより，A_{end} を欠損させると同時に，tTA を遺伝子 A_{end} の発現制御機構を利用して発現する．すると tTA の発現は，A_{end} の発現パターンと同じになる．TRE 制御下に遺伝子 A をもつトランスジーン（A_{trans}）を導入すると，tTA-TRE 系を介して A_{trans} の発現が誘導される．その結果，A_{trans} と A_{end} の発現パターンは同じであり，見かけ上野生型と変わらない（厳密には発現量などは異なる）．そのマウスにドキシサイクリンを投与すれば，A_{trans} の発現は OFF となり，条件的にノックアウトの状態を作ることができる．つまり，薬剤の非投与・投与によって遺伝子の発現が ON・OFF できるのである．

14.5 ジーンターゲティング法を利用する

14.5.1 酵素・蛍光タンパク質を個体レベルで利用する

　ジーンターゲティング法は単に遺伝子を破壊するだけでなく，特定のタンパク質や細胞の動き，そして神経細胞などの細胞活動を"みる"ためにも使われる．そのツールとして最もよく使われているのが，緑色蛍光タンパク質（green fluorescent protein, GFP）である．GFP の発見とその遺伝子クローニングは，生物のライブイメージングという新たな分野を切り開いたといっても過言ではない．他の基質などを必要とせずに単独で緑色の蛍光を発する GFP の特徴を生かした応用技術は急速に進展し，これまでに GFP を基点とした改良型蛍光タンパク質や新規蛍光タンパク質が，次々と生み出されている．蛍光の色も青から赤まで多様になり，また生理活性測定するためのバイオプローブも開発されている．ジーンターゲティング法とこれらの蛍光タンパク質を組み合わせて，個体レベルでの遺伝子発現や特定のタンパク質や細胞の可視化が可能となっている．また，次項に述べる IRES 配列を利用することにより，内在性の遺伝子を残したまま，その遺伝子と同じ時期に同じ場所に蛍光タンパク質やバイオプローブを発現することも，可能となっている．

14.5.2 IRES 配列を利用するバイシストロニックな遺伝子発現

　真核生物の細胞質におけるタンパク質合成は，リボソームが mRNA の 5' 末端のメチル化されたキャップ構造を認識し，そこから翻訳開始部位まで移動して始まる．真核生物において mRNA は一般的にモノシストロニック（monocistronic）であり，1 本の mRNA から 1 つのタンパク質が合成される．一方あるウイルス RNA では，5' 非翻訳領域に存在する IRES（internal ribosome entry site）配列を翻訳制御領域として活用し，IRES 配列に直接リボソームをリクルート（recruite）することでタンパク質合成を

開始する．この特殊な塩基配列 IRES を mRNA 上に組み込めば，5'末端側のオープンリーディングフレーム（ORF, open reading frame）と IRES 配列の下流の ORF の2つの翻訳が可能となり，1本の mRNA からバイシストロニック（bicistronic）に2つのタンパク質の合成を行うことができる．たとえばジーンターゲティング法によって，標的遺伝子の終止コドンと poly A 付加配列の間に IRES-GFP 配列をノックインすれば，標的遺伝子と GFP は1本の mRNA として転写され，リボソームは5'側末端と IRES 配列の2ヵ所に結合し，標的遺伝子産物と同時に，GFP を合成することになる．この結果，標的遺伝子の発現は間接的に GFP の蛍光でモニターでき，また標的遺伝子を発現している細胞の動態を，生きたまま観察できるようになる（図14.7）．

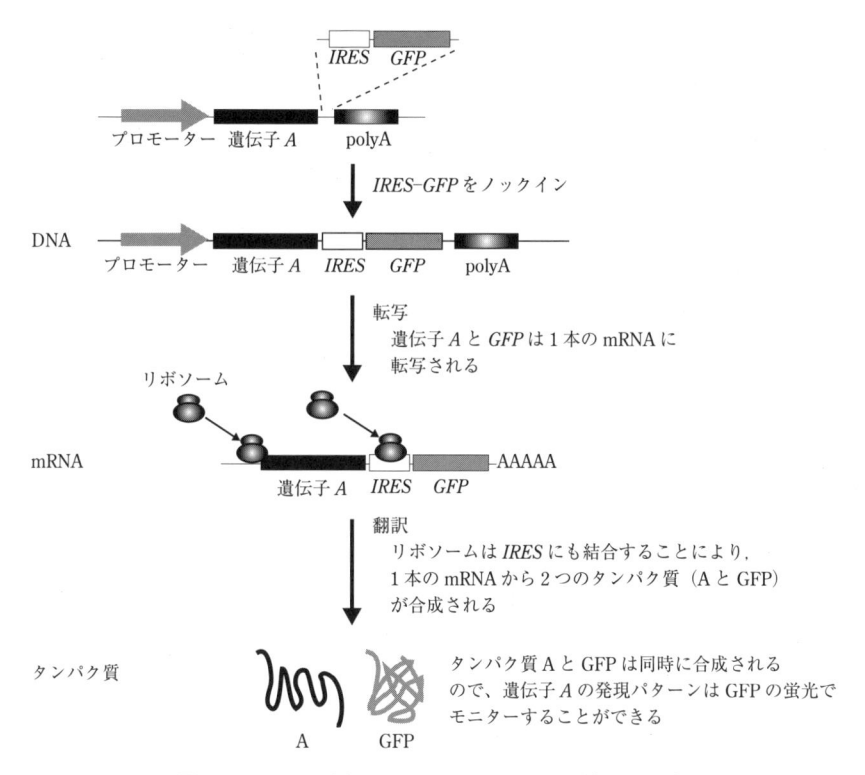

図 14.7 *IRES* 配列を用いるバイシストロニック遺伝子発現系.

　IRES 配列を用いる遺伝子操作では，おもに遺伝子をノックアウトするのではなく，内在性の遺伝子を残したまま，その遺伝子が発現する細胞の機能を調べるためにも用いられる．現在，細胞内カルシウムイオンの濃度変化，シナプス小胞の放出，細胞膜電位の変化など，細胞活性を測定するためのバイオプローブが多く開発されており，

これらを遺伝子操作により個体内に導入することにより，個体レベルでのライブイメージングも可能となっている．

14.6 おわりに

トランスジェニック技術，ジーンターゲティング技術は，現代の医学・生命科学分野において必要不可欠の技術である．特にジーンターゲティング法の技術開発はめざましく，単なる遺伝子ノックアウトから時空間特異的な遺伝子ノックアウト（コンディショナルノックアウト）へと進化を続けており，個体レベルでの遺伝子・タンパク質の機能がさらに詳細に明らかになっていくものと考えられる．そして近年，遺伝子・タンパク質を基点とした生体プローブが次々に開発されており，これらの新技術と遺伝子操作技術と組み合わせることによって，生命現象の分子機構の理解が飛躍的に高まるものと期待される．なお，遺伝子改変マウスの作製についての詳細なマニュアルについては，文献を参考にしていただきたい[2,3,10]．

引用文献

1) J.W. Gordon, G.A. Scangos, D.J. Plotkin, J.A. Barbosa, F.H. Ruddle, *Proc. Natl. Acad. Sci. USA*, **77**, 7380-7384(1980)
2) A. Nagy, V. Kristina, M. Gertsenstein, R. Behringer（山内一也ほか訳），マウス胚の操作マニュアル，近代出版(2005)
3) J.W. Gordon, *Meth. Enzymol.*, **225**, 747-799(1993)
4) S.L. Mansour, K.R. Thomas, M.R. Capecchi, *Nature*, **336**, 348-352(1988)
5) M.J. Evans, M.H. Kaufman, *Nature*, **292**, 154-156(1981)
6) S. Scherer, R.W. Davis, *Proc. Natl. Acad. Sci. USA*, **76**, 4951-4955(1979)
7) O. Smithies, R.G. Gregg, S.S. Boggs, M.A. Doralewski, R.S. Kucherlapati, *Nature*, **317**, 230-234(1985)
8) K.R. Thomas, M.R. Capecchi, *Nature*, **324**, 34-38(1986)
9) K.R. Thomas, M.R. Capecchi, *Cell*, **51**, 503-512(1987)
10) 八木健 編，ジーンターゲティングの最新技術，羊土社(2000)

索　引

あ

アクチン　89, 93
　——繊維　91, 93
アセチルガラクトサミン　73
アノード　20, 25
アビジン　6, 17, 42, 82
アブイニシオ法　101, 104
アミノ酸配列　100
アミラーゼ　9, 12, 120
アミロイド
　——繊維　54
　——前駆体タンパク質　55
　——βペプチド　54
アミロース　11
アミロペクチン　9, 14
アラインメント　101
アルカリ
　——キシラナーゼ　125
　——酵素　124
　——プロテアーゼ　121
アルゴリズム　103
アルツハイマー病　54
アレイ　34
アレニウスプロット　81

い・う

イオン結合　115, 148
遺伝子
　——改変マウス　168
　——座　162
　——操作動物　163
印加速度　81
ウイルス　154
ウシ血清アルブミン　31, 50
雲母　77, 80

え・お

エキソ型酵素　8, 10, 14, 15

エステル　144
　——化　141, 145
エナンチオ選択性　145
エマルジョン法　138
エラスチン　34
塩橋　133
延伸距離　84
エンタルピー変化　116
エンド型酵素　9, 15
エンハンサー　165
オキソカルボニウムイオン　126
オープンリーディングフレーム　167

か

外膜タンパク質　154
界面活性剤　50, 138
外来遺伝子　→トランスジーン
解離速度定数　8, 81
解離定数　5, 8, 41, 46
化学架橋剤　77
化学修飾法　138
架橋
　——剤　78, 149
　——反応　30
　——法　149
核分裂　90
加水分解
　——酵素　9, 99, 137
　——反応　8, 9, 15
画像処理　95
カソード　20, 24
活性汚泥　149
活性化エネルギー　81
カーブフィッティング　7, 11
ガラクトシダーゼ　120, 141
ガラス　77, 80
　——プレート　34, 36
カルボキシペプチダーゼ　15, 17

169

索引

カンチレバー　68, 78, 81

き

基質　4
キシラン　125
キシロース　125
キチナーゼ　119
キナーゼ　122
機能獲得型　160
機能欠失型　160
基板　6, 68, 80
ギブズ自由エネルギー　114
キメラマウス　162
吸着力　70
凝集　54, 139
　――性　62
　――反応　51
共代謝　153
協同的モデル　43
共有結合　87, 148
極限環境微生物　113, 124
極限酵素　113, 124
極体　95
金
　――基板　38, 80
　――コロイド粒子　57
　――電極　23
　――ナノ粒子　49
　――表面　23, 37
菌体　151
筋肉　93

く

組換え型タンパク質　116
グラファイト　35, 80
グルコアミラーゼ　9, 15, 118, 154
グルコース　9, 119
クローニング　128

け

蛍光　36, 44, 56, 93

　――標識　36, 46, 47, 90, 93, 155
　――変化　44, 46, 47
　――偏光　41, 46
結合部位　42
ゲル包括法　138, 149
原核生物　114
嫌気環境　150
原子間力　68
　――顕微鏡　35, 67, 76

こ

好アルカリ性微生物　121, 125
好塩性微生物　122
光学顕微鏡　90
好気的環境　150
抗原　29, 71, 82
抗原抗体反応　29
酵素　4, 99, 106, 108, 137, 148
　――-基質複合体　4, 10, 130
　――懸濁法　138
　――-脂質複合体　139
　――触媒定数　8
　――免疫測定(法)　29, 35
　アルカリ――　124
　エキソ型――　10, 15
　エンド型――　15
　加水分解――　9, 99, 137
　極限――　113, 124
　固定化――　143, 156
　脂質被覆――　138
　制限――　6, 159
　低温――　119
　変異型――　129, 133
　野生型――　129
構造安定性　109
構造ゲノム科学　102
構造予測　100
抗体　29, 57, 71, 82
　――アレイ　36
　――結合タンパク質　33, 34, 36, 37
高度好塩性微生物　122

高度好熱菌　113
好熱菌　113
好冷菌　120
古細菌　114
個体レベル　163
固定化　6, 37, 48, 148
　　——酵素　143, 156
　　——電極　21
　　——分子　23
コレステロールオキシダーゼ　141
コンストラクト　160
コンタクトモード　69
コンディショナルノックアウト　164
コンベンショナルノックアウト　163

さ

サイクリックボルタンメトリー　19, 22
サイズ排除クロマトグラフィー　58
細胞　86, 95
　　——形態　89
　　——骨格　87, 89
　　——死　55
　　——質分裂　90
　　——接着性　73
　　——毒性　59
　　——表層工学　154
　　——分裂　89
サブサイト　132
サブチリシン　15
酸塩基触媒　11, 126, 130
酸化還元
　　——タンパク質　25
　　——反応　19
参照電極　23
3D-1D法　103
サンドイッチ法　30

し

磁気力顕微鏡　67
始原菌　→古細菌
脂質　87, 138

　　——被覆酵素　138
シスエレメント　161
至適
　　——圧力　144
　　——生育温度　113
　　——pH　125
シトクロム　26
シミュレーション（構造の）　105
シャペロニン　82
重合　89
集合化　56
集合体　55, 56
集積　33
重量増加　6
受精卵　92
受容体　71, 77, 82
腫瘍マーカー　32
馴養過程　152
触媒　138
　　——活性　14, 130
　　——残基　129
　　——ドメイン　128, 131
　　——反応　137
　　酸塩基——　11, 126, 130
　　生体——　148
初速度　145
シリコン　77, 80
進化トレース法　108
神経細胞　73
人工タンパク質　34, 60
人工ペプチド　56, 58, 60
ジーンターゲティング法　159, 166
振動数　6

す

水晶振動子　23
水晶発振子マイクロバランス　3
スカッチャード　44
スキャフォード　60
スーパーフォールド　107
スレッディング　103

171

せ

生育
　——温度　120
　——基質　153
　——速度　151
制限酵素　6, 159
　——反応　8
星状体　93
生成速度定数　8, 11
生体触媒　148
生体プローブ　168
生物化学的酸素要求量　→ BOD
ゼノバイオティックス　153
セルラーゼ　119, 121
セルロース　119
繊維　89
染色体　90, 162
繊毛　92

そ

相関係数　104
走査型
　——キャパシタンス顕微鏡　67
　——トンネル顕微鏡　67
　——プローブ顕微鏡　67
相同
　——組換え　162
　——性　100
　——タンパク質　100
阻害剤　51
阻害能　62
疎水性タンパク質　34

た

耐アルカリ性微生物　125
ダイオキシン　153
大腸菌 O157　155
対電極　23
耐熱性　113
耐冷菌　120
タウタンパク質　54

ターゲティングベクター　162
脱重合　89, 91
脱窒菌　151
タッピングモード　69
単一分子　77
炭酸デヒドラターゼ　83
探針　67, 68
炭素源　151
担体　148
単分子
　——層　22
　——膜　3

ち

チオフラビン T　56
チオール
　——化合物　24
　——基　30, 37
チップ　34
中等度好熱菌　113
中度好塩性微生物　122
チューブリン　89, 91
超好熱菌　113, 117
張力　84
超臨界二酸化炭素　143
超臨界流体　142

て

低温酵素　119
ディスタンスジオメトリー計算　105
低度好塩性微生物　122
デキストラン　14
　——スクラーゼ　14
デキストリン　118
テトラサイクリン　165
電位　21
　——掃引速度　22
電気化学測定　19, 23, 25
電極　20
　——界面　23
電気力顕微鏡　67

電子移動　19, 22, 23
　　──複合体　25
デンプン　119
電流値　21
電流-電位曲線　→ボルタモグラム

と

問いかけ配列　100
糖　71, 126, 131, 141
　　──鎖　6, 9, 40, 82
　　──脂質　40, 139
　　──タンパク質　40
透過型電子顕微鏡　57
動力学パラメーター　8
ドキシサイクリン　165
独立栄養細菌　151
ドットプロッティング　32
トポロジー(構造の)　105
ドミナントネガティブ　160
ドメイン　37, 99, 101, 126
トランスジェニックマウス　158, 159
トランスジーン　158, 166
トリグリセリド　140

な・に

ナノテクノロジー(タンパク質の)　77
ナノプローブ　74
二相系　143
二体関数　103
二面角　101

ね・の

熱安定性　114, 120
熱容量変化　114
ネルンストの式　21
ノックアウト　159, 162
　　──法　158
　　──マウス　159
　　コンディショナル──　164
　　コンベンショナル──　163
ノックイン　159

は

パーキンソン病　54
バイオインフォマティクス　99
バイオセンサー　35, 38
バイオプローブ　167
バイオマス　119
バイオリアクター　148, 153
配向集積　33
ハイスループット　36
胚性幹細胞　→ES細胞
ハイブリダイゼーション　3
培養細胞　59
配列プロフィール　103
バクテリオファージ　154
剥離仕事　74
破断力　81, 87
バトラー-ボルマー式　22
バネ定数　68, 79, 81
ハンチントン病　54
反応至適pH　131
反応速度　5
　　──定数　5, 11
反応中間体　126

ひ

ピエゾ　68, 84
ビオチン　6, 42, 50, 57, 82
ビオローゲン　25, 26
微小管　89, 91
ビーズ法　49
比増殖速度　151
標的遺伝子　167
表面プラズモン共鳴法　62

ふ

ファラデー定数　21
ファロイジン　93
フォース
　　──・エクステンションカーブ　74, 78, 83
　　──カーブ　70, 78, 81, 85

173

索引

──・ディスタンスカーブ　71, 74
　　──マッピング　72
フォールディング　100, 114
フォールド　100, 105
　　──認識　102
複屈折　90, 92
物理吸着法　33, 148
不等分裂　97
フラグメントアセンブリー　105
プラスチックプレート　34
フルオロホルム　143
プルラナーゼ　118
プレート　34, 48
　　ガラス──　34, 36
　　プラスチック──　34
　　マイクロ──　41, 49
ブロッキング　32
プロテアーゼ　15, 107, 119, 137
プロテインA　31
プローブ
　　生体──　168
　　走査線──顕微鏡　67
　　ナノ──　74
　　バイオ──　167
プロモーター　159
分解基質　153
分化多能性　162
分子間電子移動　23, 25
分子間力顕微鏡　68
分子動力学　101, 104
分子内電子移動　19
分裂装置　92

へ

平衡定数　5, 71
平衡透析法　42
ペプチド　34, 56, 82, 119
ヘム　26
変異型酵素　129, 133
偏光
　　──解消　46

──顕微鏡　90
　　──板　47
変性温度　114
鞭毛　92

ほ

ポアソン比　86
紡錘体　93
ホスホリラーゼ　14
ポテンシオスタット　23
ホモロジーモデリング　101, 105
ポリエチレングリコール　138
ポリメラーゼ連鎖反応　117, 163
ボルタモグラム　20, 23, 26

ま

マイカ　35
マイクロカプセル（法）　149
マイクロプレート　41, 49
マーカス理論　22
膜タンパク質　86
マルチプルアラインメント　102, 108

み

ミオグロビン　15, 17
ミオシン　94
ミカエリス
　　──定数　5
　　──-メンテン式　4
ミスフォールディング　54

め・も

メタサーバー　104
メチルビオローゲン　20, 25
免疫　29
モータータンパク質　89, 94
モノーの式　151

や・ゆ

野生型酵素　129
ヤング率　86

索引

融合タンパク質　29, 31
ユビキタスプロモーター　159

ら・り

ライブラリー　48, 101
ラテックスビーズ　51
卵母細胞　94
リガーゼ　8
リガンド　41, 67, 71, 76
リゾチーム　106, 126
立体構造　54, 100, 108, 131
　——データベース　100
　——予測　102
リパーゼ　120, 137, 144
リポ多糖　154
量子収率　47
緑色蛍光タンパク質　60, 90, 154, 161, 166
臨界圧　144

る・れ

ルシフェラーゼ　31
ルシフェリン　32
レクチン　40, 71, 82

欧文

$A\beta$ オリゴマー　55, 58
AFM →原子間力顕微鏡
archaea　114
ATP　32, 82
α アミラーゼ　119, 121
α ヘリックス　15, 99, 107, 116
Blast　103
BOD　150
BSA　31, 50
β アミラーゼ　11
β シート　57, 60, 85
β ストランド　99
β スパイラル構造　34
β バレル　60, 107
β ラクタマーゼ　122
3D-1D 法　103
DNA　3, 6, 8
　——ポリメラーゼ　117
　——リガーゼ　117
EC 番号　106
ELISA　30, 34, 58
ELLA　49, 50
EQCM　19, 23, 26
ES
　——細胞　162
　——中間体　5
　——複合体　4, 8, 10, 15, 18
Fab　31
F アクチン　93
GFP　60, 90, 154, 161, 166
G アクチン　93
IgG　31, 36
IRES 配列　166
Monod の式　151
MTT 法　59
O157　155
PCP　153
PCR　117, 163
PDB　100
PEG　81
QCM　3, 23
RMSD　105
SFM　68
SPM →走査型プローブ顕微鏡
STM →走査型トンネル顕微鏡
ThT　56
X 線結晶構造解析　131

◆編者紹介◆

岡畑 恵雄（おかはた よしお）　工学博士
1970年同志社大学工学部工業化学科卒業．1972年同志社大学大学院工学研究科修士課程修了．
1972年九州大学工学部助手，1977年工学博士（九州大学），同講師，東京工業大学工学部助教授を経て，1992年東京工業大学生命理工学部教授．1999年より東京工業大学大学院生命理工学研究科教授．
専門は，生体高分子の機能化，水晶発振子の応用
主要著書：膜は生きている（編，大日本図書），グリーンバイオテクノロジー（共編，講談社）

三原 久和（みはら ひさかず）　理学博士
1981年九州大学理学部化学科卒業．1986年同大学院理学研究科博士課程修了．
1988年九州工業大学工学部助手，長崎大学工学部助教授を経て，1995年東京工業大学生命理工学部助教授．2005年より東京工業大学大学院生命理工学研究科教授．
専門は，生命化学，とくにペプチド工学，バイオ計測
主要著書：ナノバイオ計測の実際（共編，講談社）

NDC　460　　　188 p　　　21 cm

酵素・タンパク質をはかる・とらえる・利用する
バイオ研究のフロンティア　2

2009年 2月10日　第1刷発行
編　者　岡畑　恵雄（おかはた よしお）・三原　久和（みはら ひさかず）
発行者　笠原　　隆
発行所　工学図書株式会社
　　　　〒113-0021　東京都文京区本駒込1-25-32
　　　　電話(03)3946-8591
　　　　FAX(03)3946-8593
印刷所　株式会社双文社印刷

©Yoshio Okahata, Hisakazu Mihara, 2009 Printed in Japan
ISBN978-4-7692-0489-3

MEMO

MEMO

MEMO